[德] 皮特·哈根（Peter Hagen）著
杨济森　译

庭院DIY

——打造33个实用景观设施

中国水利水电出版社
www.waterpub.com.cn
·北京·

[德]皮特·哈根（PETER HAGEN）著
杨济森　译

庭院DIY

打造33个实用景观设施

中国水利水电出版社
www.waterpub.com.cn

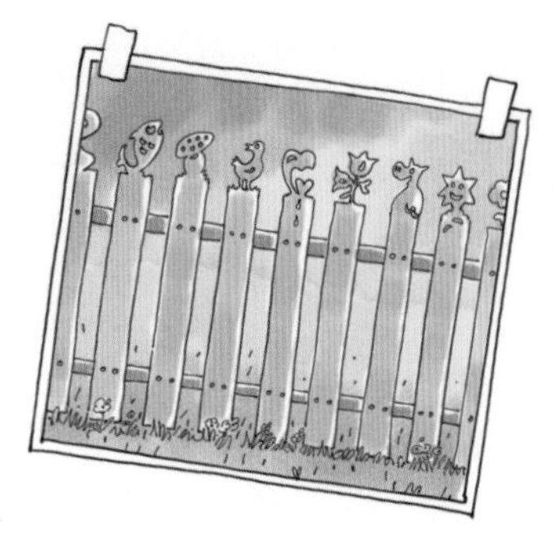

目录

序言：
这样做就对了！

谁来做

“我去庭院里工作。”听上去可不像是种休闲活动。德语中经常用“arbeiten”（工作）这个动词来表达“做园艺”，但事实上，在庭院里忙活是非常令人享受的。我们的英国邻居因他们精心呵护的庭院而闻名，他们会说“I go gardening”（我去做园艺）。伴随着这么轻描淡写的一句话，所有的“工作”也很轻松地就完成了。不过话说回来，英国人和我们一样要用锄头和铲子干活，英国的杂草也会以令人烦恼的速度生长，做园艺肯定是要付出一定劳动的。

然而通过自己动手建造的庭院，打理起来就会容易得多。精心的设计能让您离自己的理想庭院更近一步。首先，您要多收集好的点子，多看、多听、多读，要培养一定的耐心和动手能力。在开始做之前不妨先问问自己：这个方案真的适合我的庭院吗？这本书就将在这方面帮助您。

自己动手

书中介绍的一些东西是可以直接在园艺商店中购买到的，这样做会节约时间，可能也降低了成本。但买来的东西终究少了些原创性，没有什么比在DIY中构建起自己的庭院更美好的事了。

书中的所有方案都是我在实践中自己设计并建造的，在我个人的庭院里都可以找到。方案的注意事项、原材料、工具等都有说明。我总结的这些方案，旨在为那些想通过DIY来丰富自己庭院的人们提供灵感。

常备工具

所有方案中都列出了所需的材料，而工具清单会比较简单。因为某些工具，诸如锤子、钳子、米尺、电钻、磨具等，几乎家家都有。作为园艺爱好者，您应该也准备了手推车、铁锹、耙子、镐和铲子等等。这些常见工具便不再列出。

其他工具

大多数方案中所列出的工具清单都超出了家庭工具箱所包含的范围。例如：您可能需要一把好的狐尾锯（长度450mm~550mm）。将木框组装到一起时，您需要一把精准的角尺。因为经常要垂直组装，所以一个水平仪和一把直尺也很有必要。要切出45°角，您还需要斜切工具。另外必须准备的是一套钻头，一定要包括一套2mm~12mm的木钻，它们是精确装配的保障。同样重要的是沉孔钻，预钻孔后可以用它在开孔处加工出一个圆窝，使螺丝的头部能嵌入木头表面。这样做既能使拧螺丝变得轻松，又能避免木头开裂。木工夹钳也十分有用，在组装时经常要用它来固定木材。最后，您还需要一个带固定装置的简易可折叠工作台，用来加工较长的木块或弯曲小金属零件。

在采购这些工具时，一定要留心它们的质量。便宜的工具只是看上去不错，但往往用不了多久就会坏掉。所以，不如多花些钱购买品牌工具，使用寿命更长，体验也更好。

在打磨木材时一定要佩戴口罩，避免吸入粉尘

特殊工具——买还是借

在某些方案中会用到一些特殊工具，例如切角所用的切割锯，这可不是家家都有的，为了一次性木工而购买这样一台昂贵的机器未免太不值得。不如在熟人中问一问，能否短期借一台来用。另外，在锯木厂和大多数建材城购买木材时，都可以加一些钱，让他们按您的要求把木头加工好。

环保认证、纹理精致的木材

在采购木材时也有一些注意事项。通常情况下，请您只在那些能够保证清洁环境下种植和加工木材的地方进行购买。

带有FSC认证标识的木材来自可控、可持续的库存，这种木材或许贵一些，但对保护生态环境有益。市场上可以找到带有FSC认证标识的各种类型的木材，您可以尽情选购。不过请记住，并非所有方案都一定要用到最高档的木材，通常只需要云杉木或廉价松木就足够了。尽量避免使用热带木材，大量的热带木材交易已经造成了显而易见的后果，严重破坏了产地的生态环境。欧洲常见的落叶松、洋槐、道格拉斯冷杉、山毛榉等，这些都是寿命很长的优质木材。通过压力浸渍后，这些木材的使用寿命更能大大延长，适合用作插进土地的木桩。

当您选购高档木材时，也要留意质量。屋顶板条、横梁、方木等都应该亲自检查。要关注木材的生产过程，有些木材干燥过程过快或储存环境有问题，可能会导致木材扭曲和折断。

木材的表面是各不相同的。本书的方案中需要用到胶合板、木地板、抛光木板以及方木等。为了延长木材的使用寿命，至少应在切割处刷两遍清漆。选择木板时，也要注意它们的原产国，美国生产的木板往往使用了杀菌剂和杀虫剂，而德国和其他欧洲国家则严格禁止在木板中出现此类有害物质。

购买带有这种标识的木材，是在为环保作贡献

经过打磨的木材立显纹理之美

使用梅花螺丝，注意间距

螺丝的质量需要您特别注意，尽可能购买贵一些的不锈钢梅花螺丝，星形的槽口会使其拧起来更加轻松。有些方案中需要用很多螺丝，这就会让您省力很多。安装螺丝时一定要注意保持一定间距，防止螺丝间位置冲突。

油漆和釉料的选择

在大部分方案中都需要用各种方式来处理木材。由于这些木材是在花园中使用，势必会受到天气和户外环境的影响，所以一定要做好防护工作，使其能够抵御高温、曝晒、潮湿、冰雪等各种天气的侵蚀，避免其提前老化或损坏。油漆、清漆和釉料种类繁多，外行人挑选起来非常困难，不妨先咨询一下专业人士再作选择。

关爱宠物，使用环保涂料

作为庭园的主人和环境保护者，应该自觉抵制含毒性溶剂的产品，使用环保产品，尽量使用可被水稀释的丙烯涂料。在给宠物的喂食站和爱巢刷漆时一定要选择无溶剂涂料，最好用环保木器漆，有利于宠物健康。

祝您收获快乐！

此外，我还有几条提示：为了保证DIY的质量，请在实施每个方案前仔细进行规划，如有需要可以先画出草图。提前准备好所有材料和工具，并在组装之前完成所有的原材料加工工作。参照组装说明，一步一步慢慢来，必要时可以寻求他人帮助。

请一定注意安全，尤其是在使用电锯、电钻等工具时，很容易发生危险，务必小心。

祝您在花园DIY中收获成功和快乐！

皮特·哈根

用这样一个手推车就可以轻松搬运工具了！

这些方案让庭院
更舒适惬意

院门和篱笆后藏着许多小心思，等待您进来发现……

自己设计的花园围栏装饰效果极佳，同时彰显个性。→ 18页

多数庭院的院门都是千篇一律的现成品，为何不设计一扇新颖的门，让步入庭院的那一刻就成为新鲜体验呢？→ 26页

藤蔓缠绕、芬芳多彩的拱门最能吸引眼球，人们都乐于从下面穿过。而在庭院的其他地方，长满藤蔓植物的攀爬架也能平添不少风情。→ 60页

许多庭院的小径都是笔直的，用料也非常单一，可能只是铺一铺水泥砖就完成了，让人感到乏味。想让庭院小径多一些趣味，其实只要有勇气做一点小小的改变。→ 30页

在阳台或是房子旁边稍高出草坪的空地上摆放家具，可以营造舒适的休憩空间。尤其在夏天，室外是放松身心的最佳场所。→ 32页

庭院中的一片池塘宛如一方绿洲，吸引人们驻足。池塘的大小并不重要，即使微缩在一只酒桶中，也能起到营造氛围的作用，维护起来也不费力。→ 36页

折叠桌使用方便、节省空间、维护方便。您可以将它展开在躺椅旁，摆上杂志、甜点、咖啡，享受休闲时光。不需要它时，只需折叠起来收好。其便利程度会让您想要做更多这样的折叠桌。→ 40页

可移动的屏风可以放置在庭院的很多位置，用来遮挡露台、座位等，保护隐私不被花园外的人窥视。→ 44页

围树安装的座椅可不是每个庭院里都有的，客人一定都很喜欢在树下歇息。→ 48页

很难想象，在庭院中随处可以坐下休息是怎样的便利。其实只需要动动脑筋，做些简单的安装工作，就能布置好很多座位。→ 46页

在庭院中拥有一个小型地窖，可以用来储藏饮料。用天然制冷的环保方式，也能随时享用到清凉的饮品。地窖就藏在草丛之中，地窖口的装饰由您自己发挥。→ 52页

自主设计庭院围栏

时长

每3m约需要3小时

难度

简单

材料

4根木桩（削尖）
6cm x 6cm x 150 cm

2根横梁
2.8cm x 7cm x 300 cm

12条边缘刨平的木板
1.5cm x 14cm x 130 cm

8颗木螺丝
4cm x 60 mm

48 颗不锈钢木螺丝
4cm x 35 mm

工具

钢丝锯
锤子
两条准线

- 在庭院的边缘放置好准线，标记出篱笆的位置。
- 用锤子将第一根木桩（一头削尖或直接购买尖头木材）垂直插入土里，入土约30cm，并用水平仪检查是否竖直。
- 在相距3米的地方平行插入第二根木桩，同样入土30cm，用水平仪检查。
- 用钉子将另一条准线固定在这两根木桩的顶端，使其距离地面上的准线大约92cm，这样就统一了木桩的高度，据此装好剩下的两根木桩。
- 用水平仪再次检查木桩是否垂直。
- 用8颗木螺丝将两根横梁与四根木桩固定在一起。其中一根横梁距地面20cm，另一根在顶端准线下方30cm处。至此，3米长的篱笆框架已经装好，在安装后面的篱笆时，相邻两根横栏的顶端位置一上一下，避免位置重合。（详见20页图）
- 将提前设计好的木板顶部形状画在纸板上，用铅笔描在木板上，用钢丝锯沿笔迹锯出想要的图案。图案不宜太小，否则锯起来很困难。
- 木板加工好后，用不锈钢螺丝把它们安装在框架上。
- 用砂纸或打磨工具将所有木板的边缘打磨平滑，大功告成！

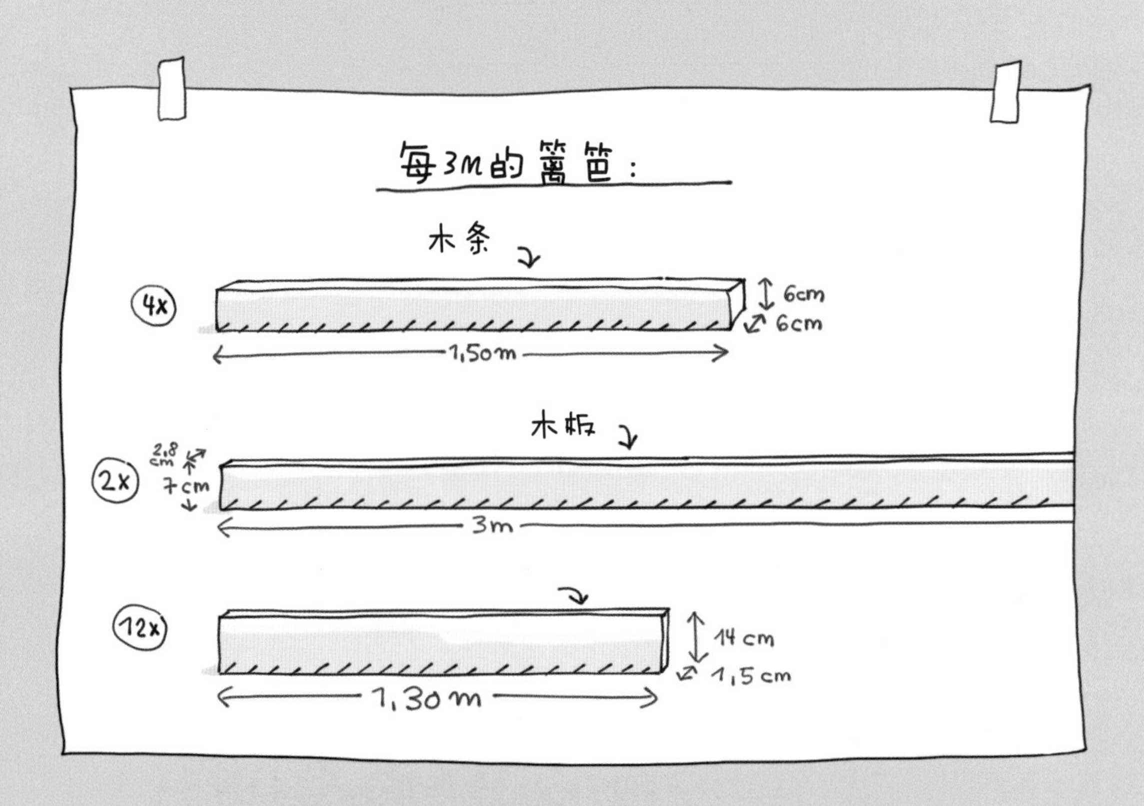
每3M的篱笆：
木条
4x
6cm
6cm
1,50m
木板
2,8 cm
2x
7cm
3m
12x
14 cm
1,5 cm
1,30 m

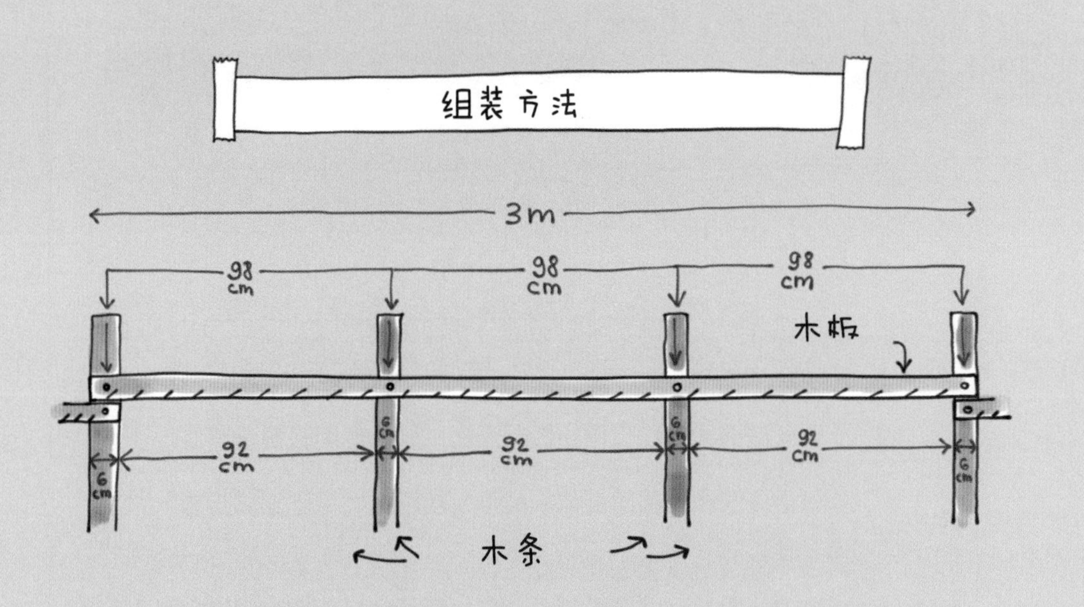
组装方法
3m
98 cm
98 cm
98 cm
木板
6 cm
92 cm
6 cm
92 cm
6 cm
92 cm
6 cm
木条

栅栏板的组装

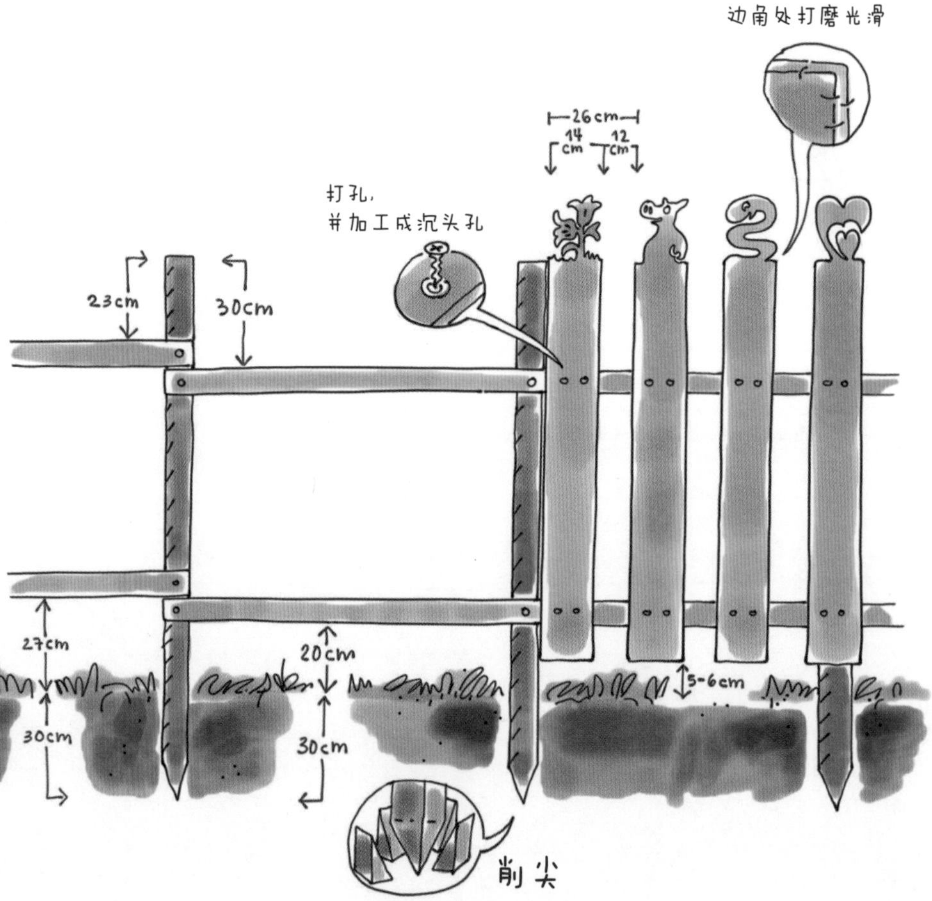

在组装篱笆之前，最好先给栅栏板涂一层清漆。虽然这会占用一定的时间，但对于木材的使用寿命有很好的延长作用。

- 在栅栏板的连接处提前做好标记。注意：栅栏板下沿到地面之间要留出5cm~6cm的空隙。每块栅栏板上要用4mm的钻头打好4个螺丝孔，并加工出沉头孔。
- 随后就可以将栅栏板安装在框架上了。两块板间的距离应为12cm，算上其自身14cm的宽度，共26cm，这样，12块板正好够安装3m的篱笆。

栅栏板上图案的建议

院门——由此进入！

用时
2小时

难度
简单

- 在用作门框的四根方木两端沿45° 角斜切，就可以将4根木头拼接在一起了，接头处用木工胶黏合，并各用一颗螺丝固定。
- 为了使门框更加坚固，在4个角的内侧分别安装L型固定角码（40mm x 40 mm），各用4颗螺丝（5mmx30mm）拧紧。
- 在距离上下门框20cm处分别安装两根横梁（92cm长的方木），用螺丝把它们固定在门框上，并给它们涂一层清漆。
- 在门框晾干的时候，您可以为自己的院门设计特别的门板。先用纸板为您喜欢的图案做出模板，就可以方便制作5根同样的门板了（25页的图案可供参考）。
- 将模板放在较薄的山毛榉木板上，用铅笔勾出图案的轮廓。
- 用曲线锯沿笔迹加工出想要的图案，并将锯面打磨平滑。
- 用细钻头在所有连接处打孔，用沉头钻加工出沉头孔，这样一来，螺丝头可以嵌入木材表面，更加美观。

材料

2根抛光方木 (云杉) 4cm x 6cm x 100 cm
2 根抛光方木 (云杉)4cm x 6cm x 92 cm
2 根抛光方木 (云杉)4cm x 6cm x 75 cm
5块抛光木板 (山毛榉)1.5cm x 15cm x 100 cm
4 个L型固定角码 40mm x 40 mm
16颗不锈钢木螺丝 5mm x 30 mm
48颗不锈钢木螺丝 4mm x 50 mm
2 颗螺栓 8mm x 100 mm 带垫圈和螺母
4 镀锌六角螺丝 6mm x 30 mm
2 个专用超长合页 4cm x 40cm
1个花园门闩及其配套螺丝
木工胶、清漆

工具

钢锯、曲线锯
刨刀/刨木机
带夹紧装置的工作台
3mm、5mm、8mm钻头
10号和13号套筒扳手
4个大号螺旋夹钳

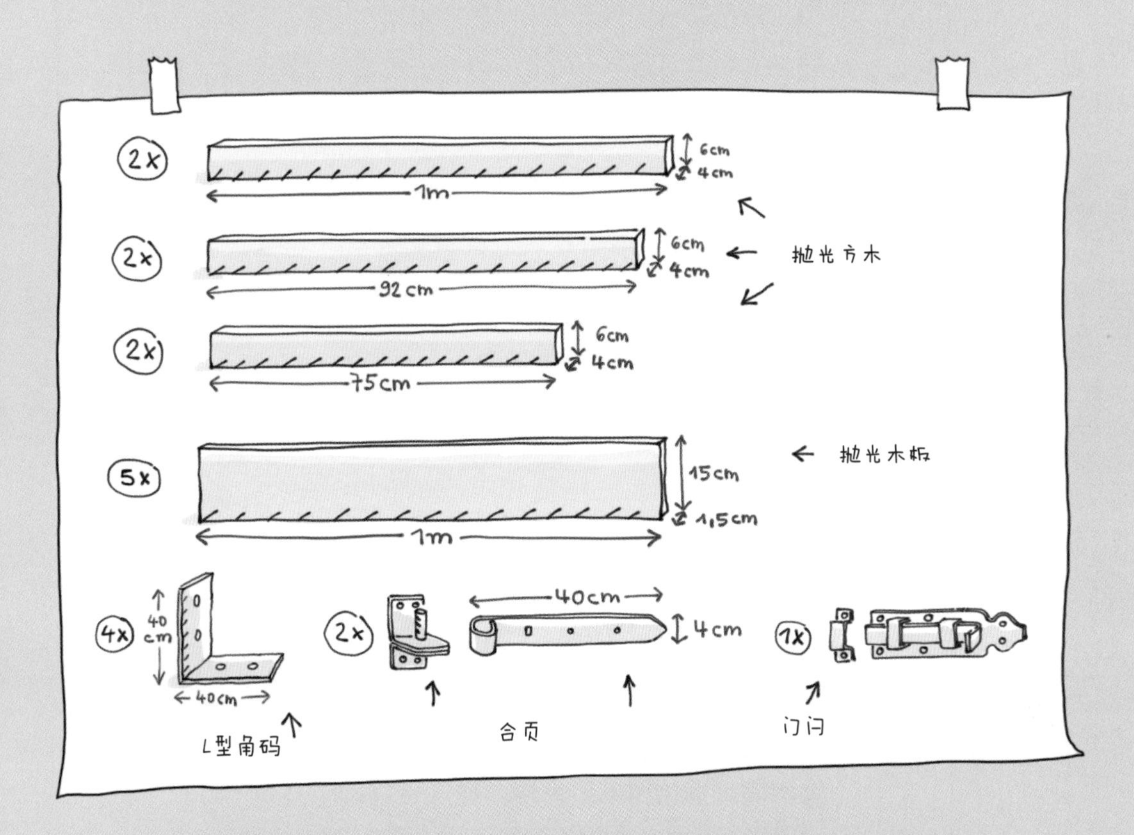

2x
6cm
4cm
1m
2x
6cm
4cm
92cm
抛光方木
2x
6cm
4cm
75cm
5x
15cm
1,5cm
1m
抛光木板
4x
40 cm
40cm
L型角码
2x
40cm
4cm
合页
1x
门闩

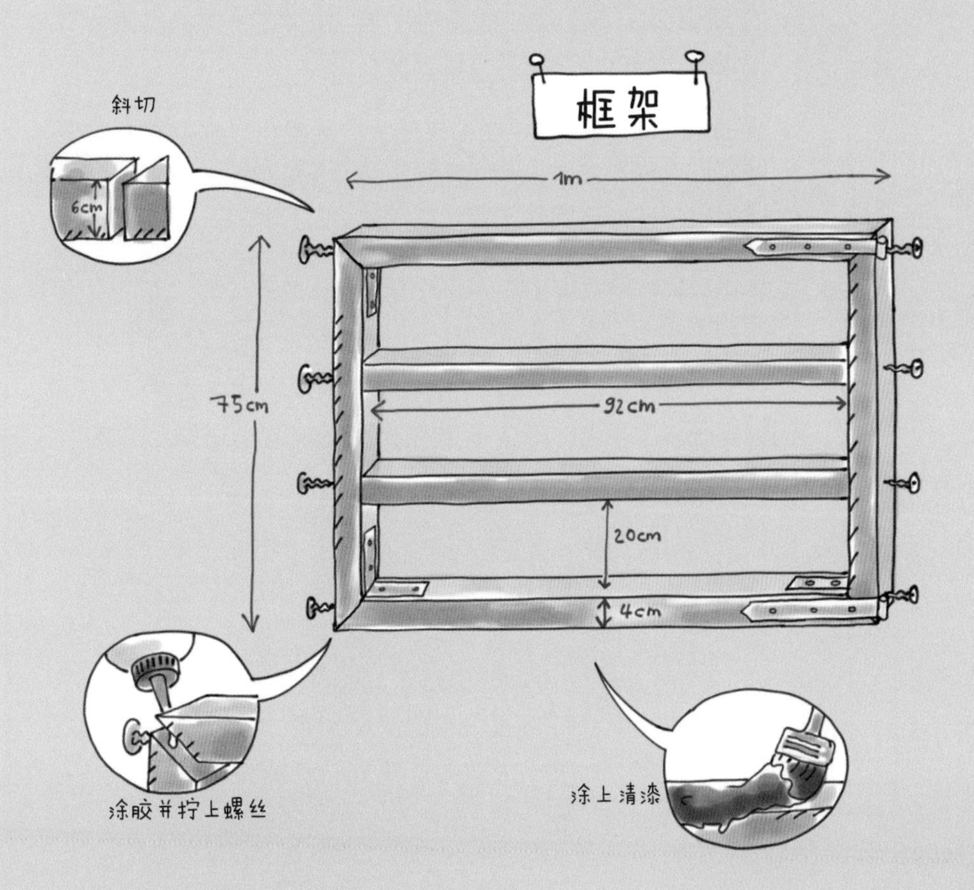

框架
斜切
6cm
1m
75cm
92cm
20cm
4cm
涂胶并拧上螺丝
涂上清漆

如果不想在院门上下太多功夫的话，可以购买现成的栅栏板条来代替自己设计的门板，不过这样就少了很多乐趣。

- 给准备好的门板涂一层清漆，将它们摆放在门框正面。
- 在门板与上下门框和两根横梁的连接处各用两颗螺丝固定，也就是说，每块门板要用8颗螺丝。
- 在门框的上下两条边上各装一个合页的一部分，首先各标记出3个螺丝孔的位置，用对应尺寸的钻头钻好孔。安装时先用夹钳固定住门栓，将螺栓插入，垫上垫圈，拧好螺母。如果螺栓太长的话，可用钢锯锯掉多余的部分。
- 用夹钳将门框固定在安装门的立柱上（实现装好或借助已有的立柱），在右侧立柱上标记出安装合页另一部分的位置。
- 合页是一扇门的旋转轴心，门旋转时需要一定的空间，所以距离不要安排得太紧，用螺丝固定合页之前，再用水平仪检查一次角度是否合适。
- 借助合页，现在可以安装门框了，如果设计正确，应该可以自由转动。
- 最后将门栓安装在门框和立柱上，高度可以根据您的喜好确定。

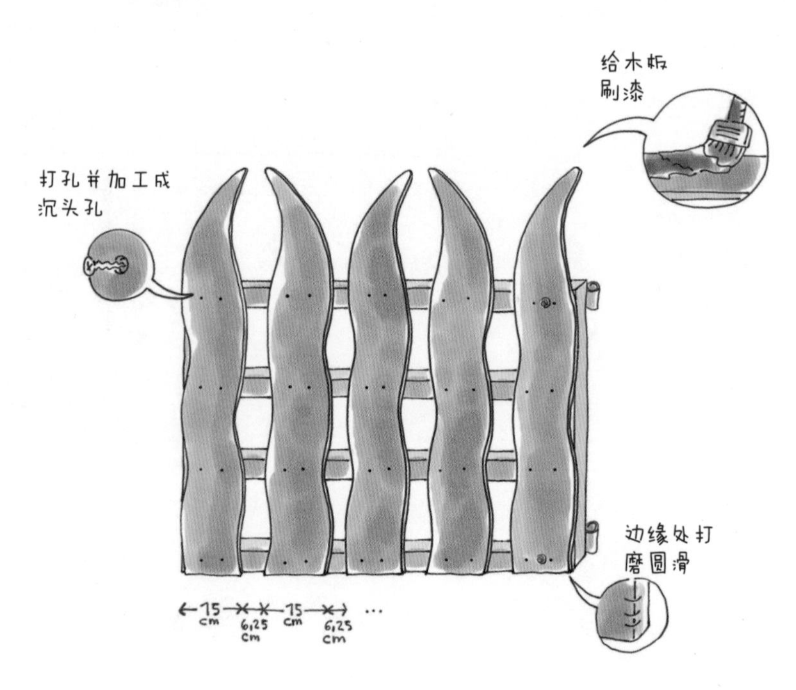

装饰板的建议

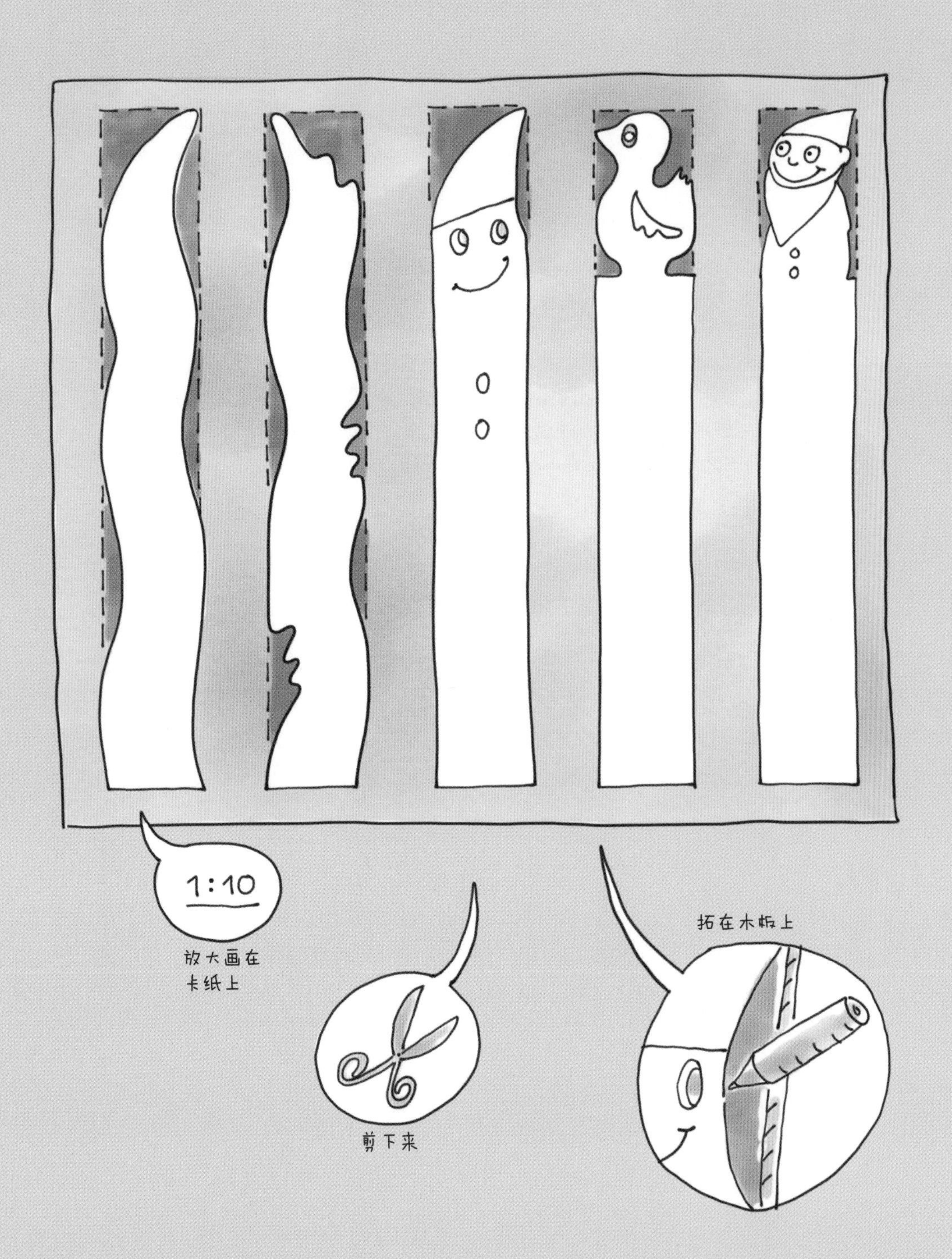

铁线莲装饰的拱门

时间
6 小时

难度
简单

- 要建造这样一个拱门，挑选合适的铁线莲肯定会占绝大部分时间。虽然在花卉市场可以买到丰富多样的藤本植物，但等它们长大也需要时间。如果正好赶上有邻居或朋友准备改建花园，有现成的藤本植物可以送给您，那就再幸运不过了。
- 制作拱门的框架时，首先制作顶端的长方形框。用4颗螺丝（4mm x 80mm）将两根短木条与两根长木条垂直连接在一起，为了避免拧螺丝时木头开裂，最好提前钻好螺丝孔。这个长方形框将安在门框顶部，连接四根垂直扎进土里的方木。
- 将这个长方形框放在地面上，在4个角的位置做好标记，门框固定件之后就插在标记的位置，大概要插入土中3.5cm。
- 借助工具将门框固定件插入土中，用锤子砸实，用水平仪检查入土角度是否垂直。

材料

2 根木条 3cm x 5cm x 35cm
2 根木条 3cm x 5cm x 120cm
4 根方木 6.8cm x 6.8cm x 220cm
4个地插（门框固定件，金属制，锥形，将门框的四脚固定在土中）7.1cm x 7.1cm x 75 cm
锤子
8 颗紧固螺栓 8mm x 60mm
4 颗木螺丝 4mm x 80mm
4 颗木螺丝 4mm x 100mm
2 根铁线莲藤，直径3cm~4cm，约4.80m长
拇指粗的铁线莲藤，约8m长

工具

扎丝
锤子
13号扳手
园林锯

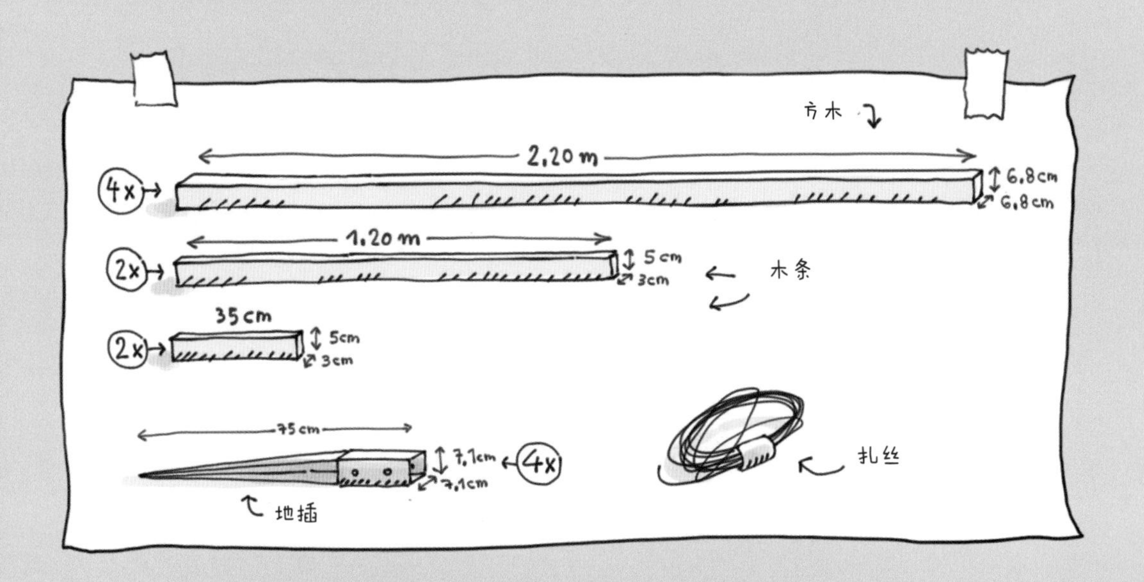

方木
2,20 m
4x
6,8cm
6,8cm
1,20 m
2x
5cm
3cm
木条
35cm
2x
5cm
3cm
75cm
7,1cm
7,1cm
4x
地插
扎丝

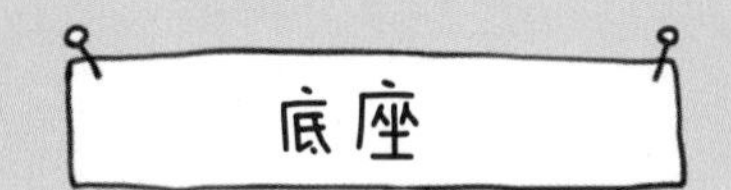

底座

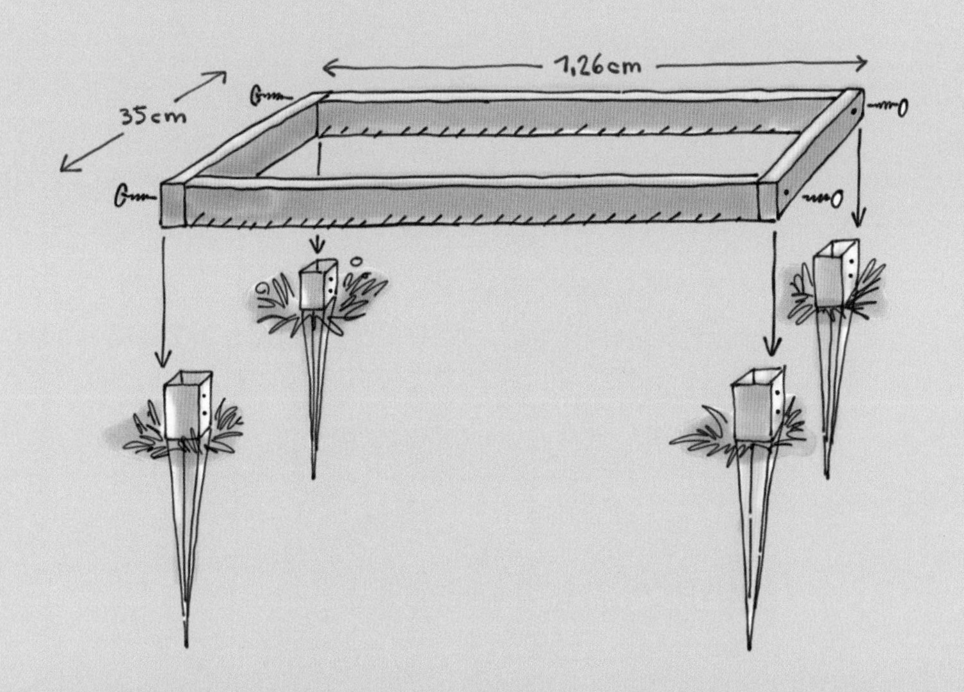

1,26cm
35cm

将铁线莲的藤在水里浸泡一整夜，第二天会变得很柔韧，处理起来更方便。

- 在4个固定件全部平行且等深插入土中之后，用螺丝将4根长方木与固定件固定在一起，每根使用两颗螺丝，确保与地面垂直，4根方木的高度必须完全一致。
- 用螺丝将长方形木框固定在4根方木的顶端，框架结构完成。
- 给做好的框架刷一层清漆。
- 清漆晾干后，就可以将藤架安装在框架上了，这个步骤最好两个人一起完成。
- 首先将一根4.8m长的铁线莲藤与一根方木固定在一起，从地面开始，每隔30cm用扎丝捆紧。到了上部，轻轻地将藤弯成一个拱形，并与相邻的另一根方木捆在一起。
- 将另一根藤用同样的方式与另外两根方木捆在一起，两根藤弯成的拱形高度应保持一致。
- 将拇指粗的藤锯成50cm长的段，用作横梁加固藤架。

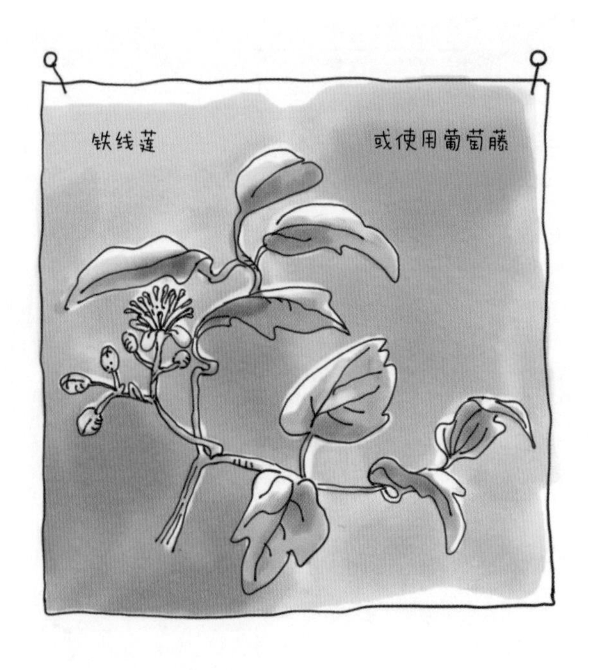

组装方法

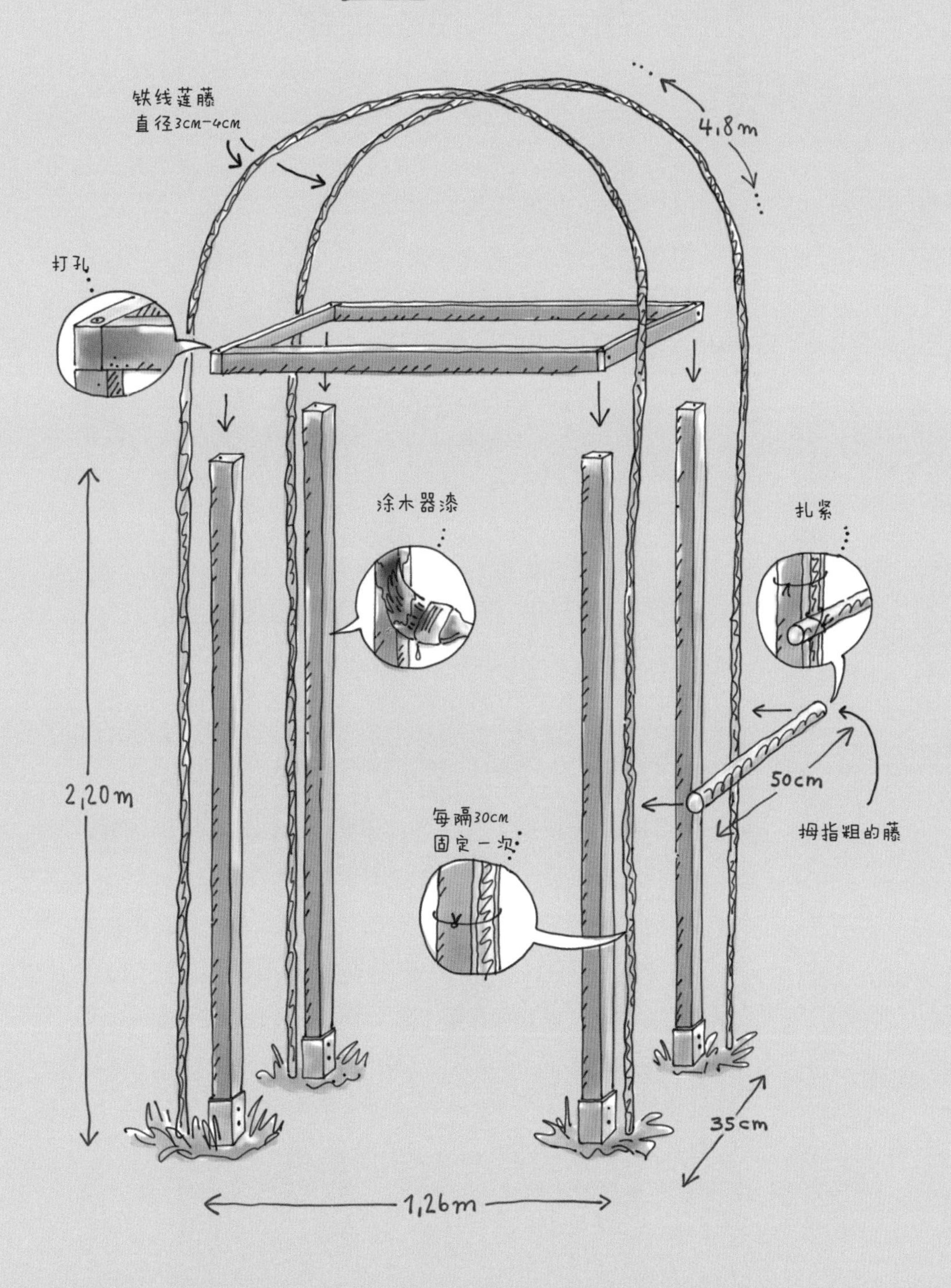

铁线莲藤
直径3cm-4cm
4,8m
打孔
涂木器漆
扎紧
50cm
拇指粗的藤
2,20m
每隔30cm
固定一次
35cm
1,26m

与众不同的石板路

时间

视铺路长度决定

难度

简单

铺路所选用的石材可以自由选择，不过要注意，路的表面一定要选择粗糙一些的材料铺设，避免在雨雪天气时让小路变成可怕的“滑冰场”。

- 路线规划必须非常细致，因为庭院里的小路决定着其他元素的位置。根据比例尺绘出规划图。
- 选择自己喜欢的铺路材料，估计一下大约需要多少这样的材料。所用的材料种类最好不超过3种。
- 用木棒在地上粗略地画出规划好的路线，并标记好小路的宽度。庭院里的主要路线宽度也最好不要超过一米。画好后就可以开始挖土了，根据土壤质量来决定挖的深度，一般不要超过20cm。挖出的土可以储存起来，或许另有他用。
- 在挖出的道路内填上15cm厚的砾石，并用夯实机压实，如果道路很长的话，可以租一台平板振动器来使用。
- 在砾石上铺一层沙子，并用耙子整平。
- 随后就可以铺砖了，每铺一段就换一种材料，注意经常用水平仪检查是否铺平，并用锤子把铺好的砖夯实。
- 路的两边可以用瓦片加固，每修一米的路，用铲子垂直插进路两边，做出两条凹槽，将瓦片竖直插入。
- 用锤子将瓦片敲进凹槽里，瓦片上端露出地面4cm左右，可以有效防止花园里的土飘到铺好的路上。
- 用水平仪检查铺好的路是否平整，如有凹凸不平的地方，今后就会积水。

材料

缸砖或铺路石、水泥板等石材 30cmx 30cm
使用过的瓦片
砾石
不含砾石的粗砂

工具

夯实机/平板振动器
抹泥刀
直尺和准线
锤子、小洋镐

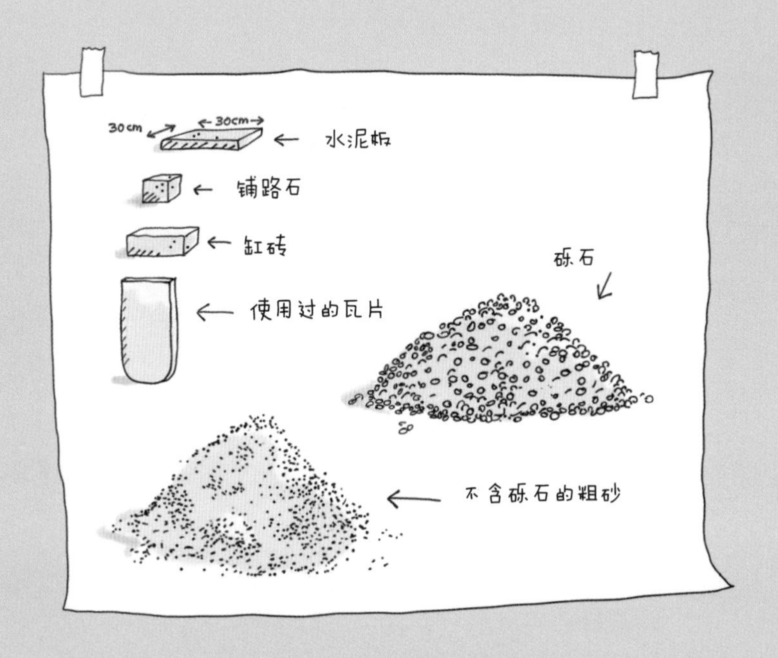
30cm
30cm
水泥板
铺路石
缸砖
使用过的瓦片
砾石
不含砾石的粗砂

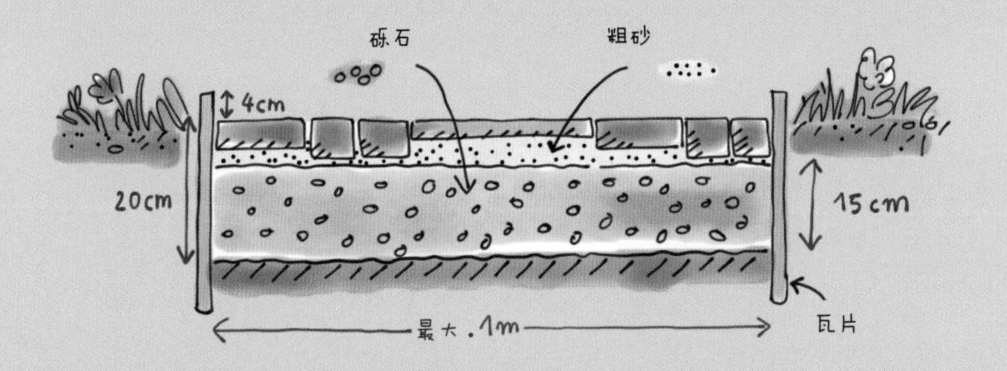
截面图
砾石
粗砂
4cm
20cm
15cm
瓦片
最大.1m

晒台——夏日休闲好地方

时间
2 天

难度
简单

- 选好晒台的位置，像之前的铺路方案中一样，挖出不超过20cm深的土来。用铲子和耙子仔细整平该区域，并铺上一层20cm厚的砾石，用夯实机压平。
- 按照设计面积将方木锯成合适的长度，注意要比晒台总长短4cm左右，为边框留出位置。
- 测量出晒台高度，并在晒台四周插上小木棍，拉起泥工线，标记高度。
- 在手推车内搅拌好混凝土，在铺好的砾石层上沿横向放置一小块金字塔形的混凝土，间距50cm。每放好一排就在上面铺一条方木，并用橡胶锤砸实，使方木的高度与泥工线标出的高度一致。
- 继续铺设混凝土和方木，确保每块方木的高度一致，每小块混凝土之间的距离一致。
- 做到这里，您可以先休息一天，让混凝土干透，铺好的方木得以固定。

材料

砾石
混凝土
方木（云杉）4.5cm x 7cm
带槽的WPC地板，14cm宽
专用螺丝
沉孔钻
木地板安装垫片

工具

夯实机
泥工线、抹泥刀
切割锯
橡胶锤
锻工锤
小洋镐
直尺

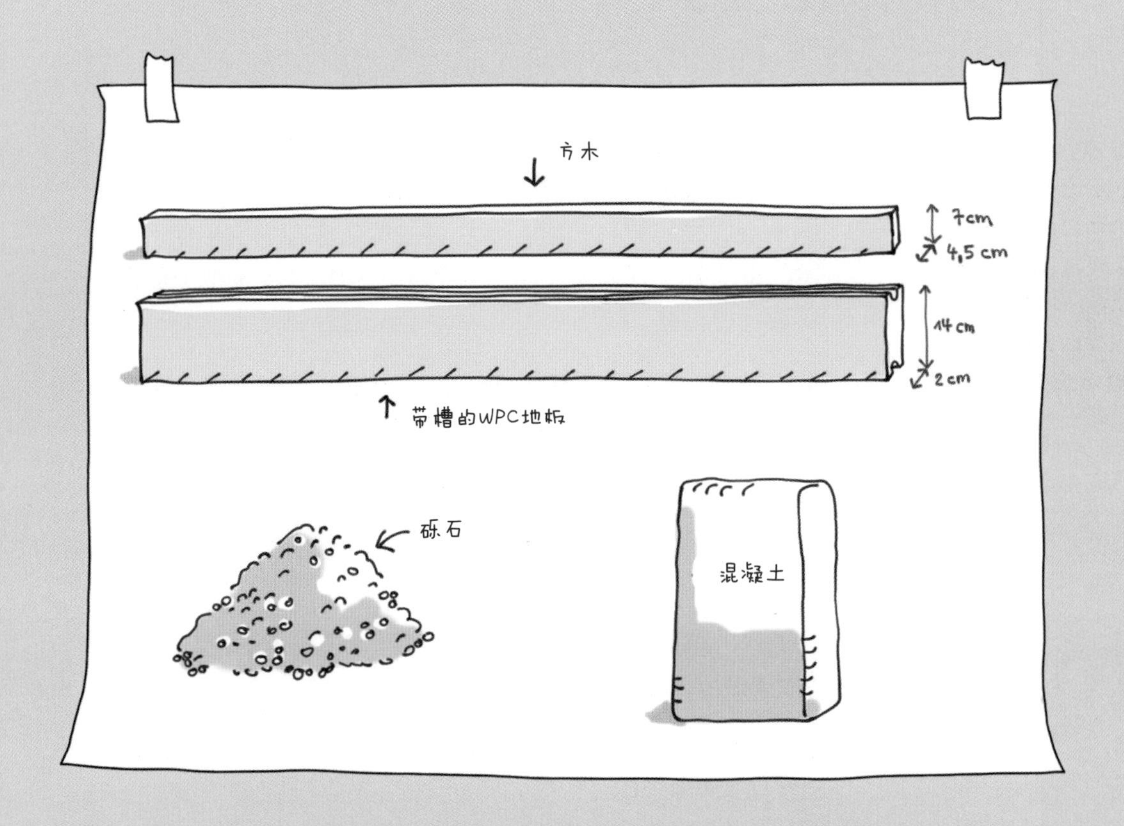
方木
7cm
4,5 cm
14 cm
2 cm
带槽的WPC地板
砾石
混凝土

截面图

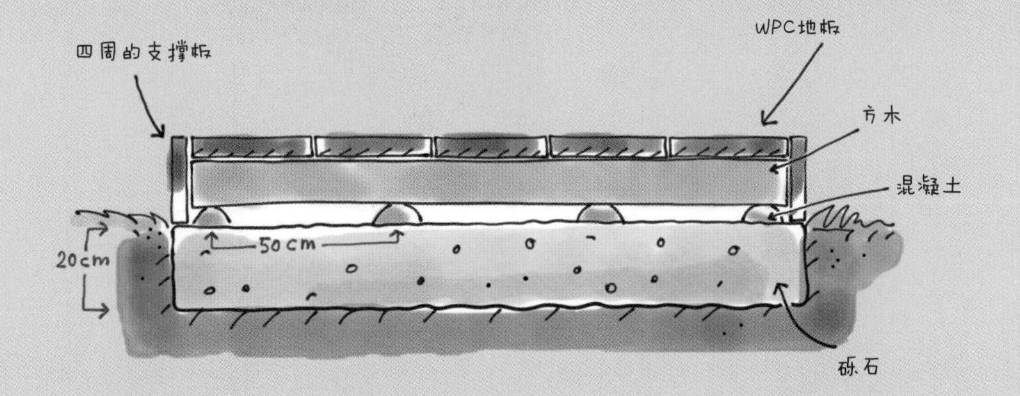
四周的支撑板
WPC地板
方木
混凝土
20cm
50 cm
砾石

如果不喜欢WPC地板的话，可以用木地板来代替。虽然铺的方法是一样的，但是木地板日后保养起来更麻烦一些。

- 水泥干透以后，就可以铺最后一层WPC板了。如果板的长度比晒台长度短很多的话，也可以两块板接在一起。但在锯木板时要把握好长度，两块板的接头应在它们和底层方木的交叉处，在方木宽度一半的地方相接，这样既坚固又美观。
- 第一块WPC板的方向至关重要，一定要多次测量，多次检验。如果第一块板是歪的，那么整个晒台铺完都会是歪的。
- 借助木地板安装垫片把所有的WPC板铺好，垫片可以保持木地板间的距离，最大间距5mm。
- 测量WPC底面到底部砾石层的距离，按照这个尺寸，用剩余的板材锯出晒台四周的支撑板。
- 如果需要的话，可以在WPC板上镶嵌LED小灯，在夜晚可以起到照明作用。

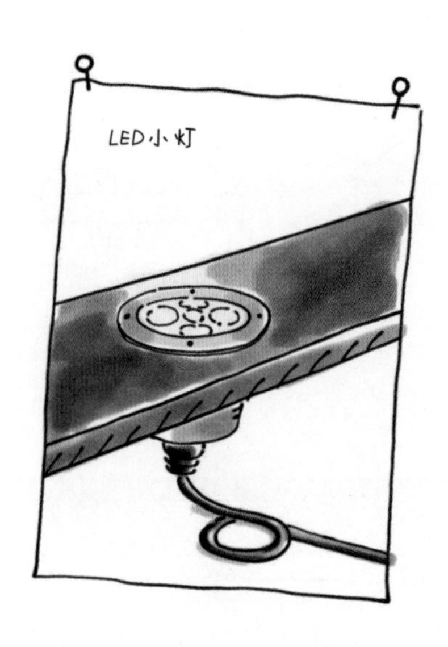

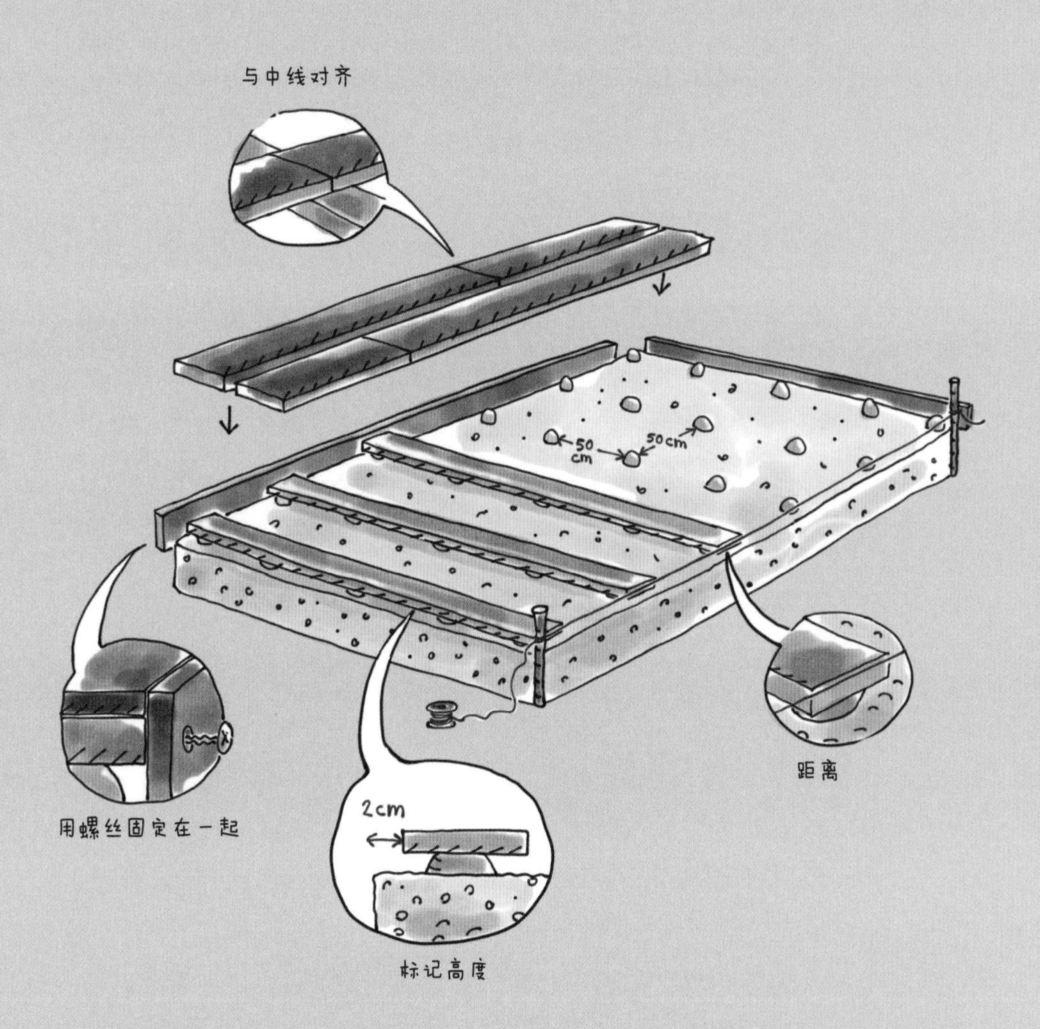
与中线对齐
50 cm
50cm
用螺丝固定在一起
2cm
标记高度
距离

酒桶中的小池塘

时间
4 小时

难度
简单

如果觉得做防水层的工作太麻烦的话，可以直接购买新的橡木桶来代替旧酒桶。虽然桶会高一些，但是一般都能找到尺寸匹配的塑料内胆，比自己做防水轻松许多。

- 首先为酒桶做防水层。用层压的方法将玻璃纤维毡固定在酒桶内壁，通常来讲只需一层即可。接着再涂一层外涂层漆。
- 在装饰酒桶前先等上两三天，让镀层充分固化，聚酯树脂的异味也会减少。
- 酒桶的防水工作已经完成，将它拿到最终摆放的地方。
- 将混凝土砖分层叠放进桶内，这样就可以将水生植物按照它们所需的水深分层放置了。
- 同时，安装好池塘水泵和LED水下灯。注意，水泵和喷氧装置必须垂直放置，且不能与桶底直接接触。在装水泵时还要注意，要为日后保养和维修水泵提供方便，安装在便于拆装的位置。
- 将水生植物的花盆摆在铺好的混凝土砖上（见38页图），如果某种植物的摆放高度不合适，可以通过增减混凝土砖来调节。
- 考虑到视觉效果，请将矮香蒲等植物放在四周，将矮睡莲等植物放在中间最显眼的位置。
- 用细沙和砾石盖住植物的花盆，从而起到固定作用，避免向桶内注水时植物被冲乱。
- 最后用鹅卵石进行装饰，并将酒桶灌满自来水，自制小池塘就完成了。

材料

威士忌酒桶，只保留下半部分 (可以从跳蚤市场淘到),
直径 70cm~80cm, 高度 55cm~60cm
层压工具：玻璃纤维毡、聚酯树脂、固化剂、黑色外涂层漆
10~12混凝土砖/石膏砖，尺寸20cm x 10cm x 6cm
1包细沙
25kg洗净的砾石
8~12块装饰鹅卵石，不同颜色、不同大小，直径15cm~25cm
1 台池塘增氧泵
1只LED水下灯

70cm-80cm
55cm-60cm
威士忌酒桶
玻璃纤维毡
混凝土砖
20cm
10cm
6cm
10-12x
8-12 块
砾石
25kg
鹅卵石
细沙
LED水下灯
池塘增氧泵

截面图

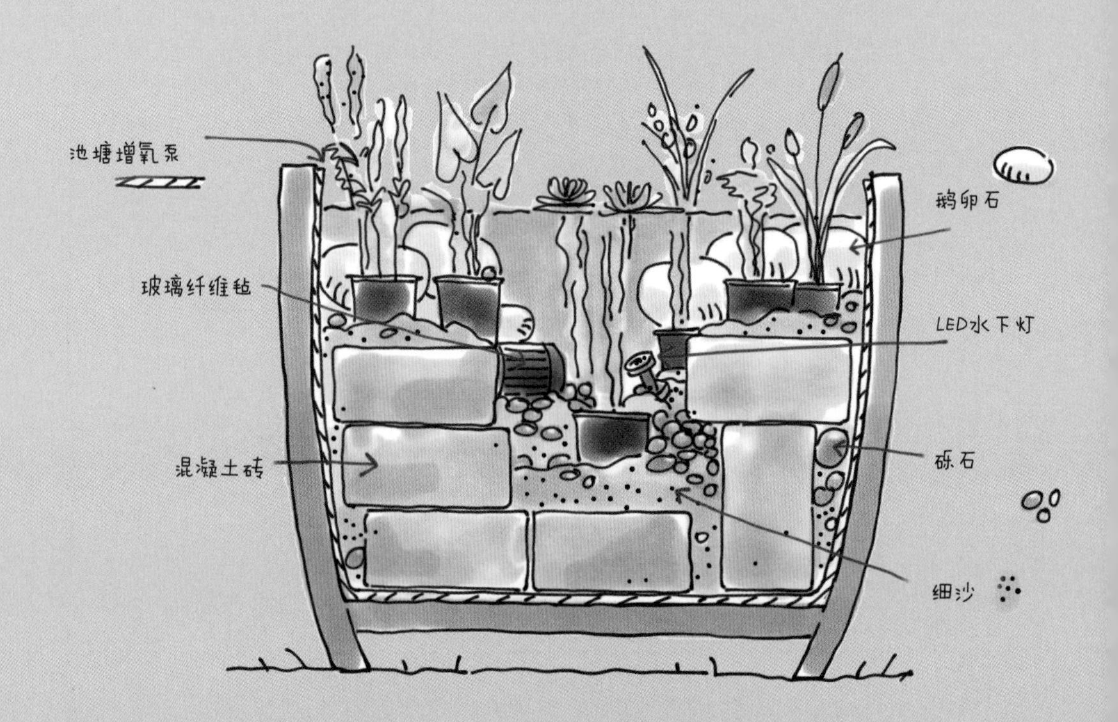

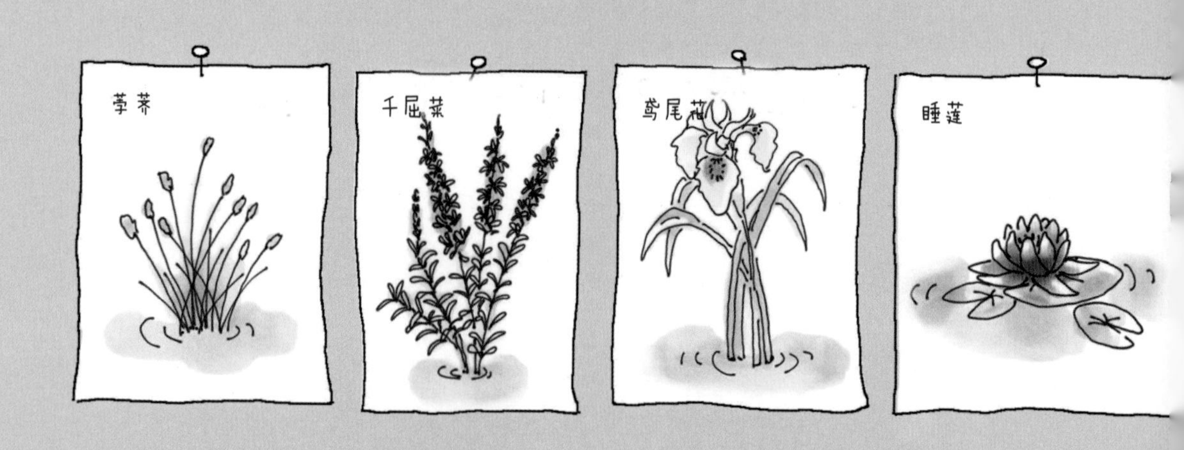

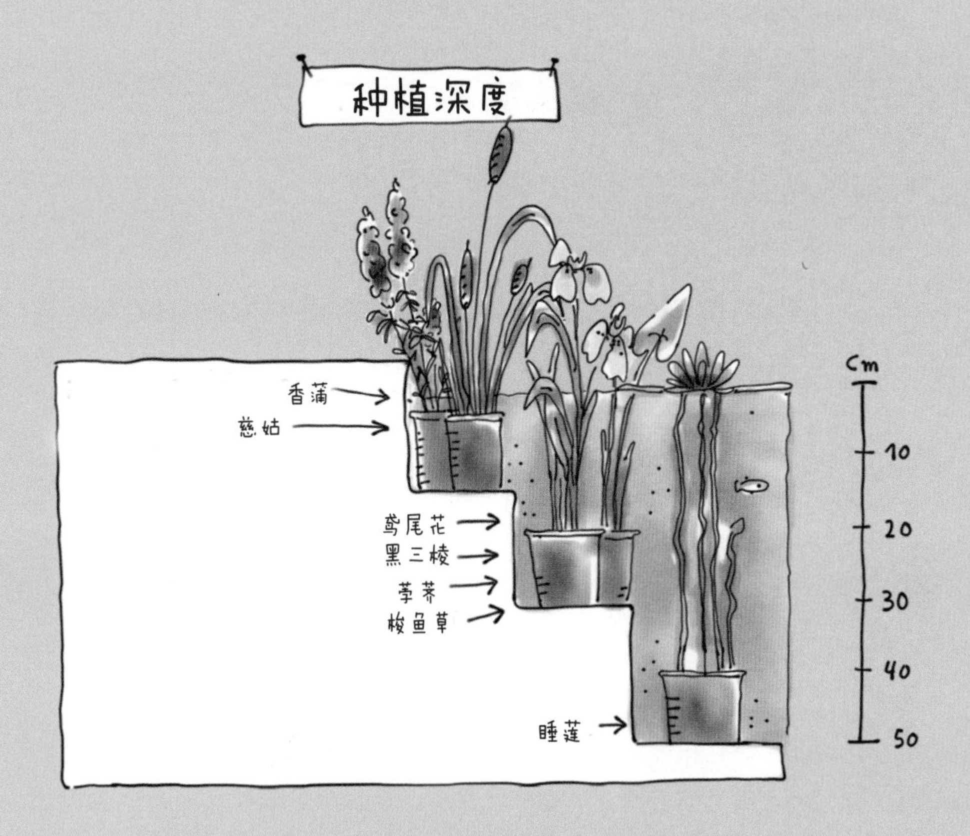
种植深度
香蒲
慈姑
鸢尾花
黑三棱
荸荠
梭鱼草
睡莲
cm
10
20
30
40
50

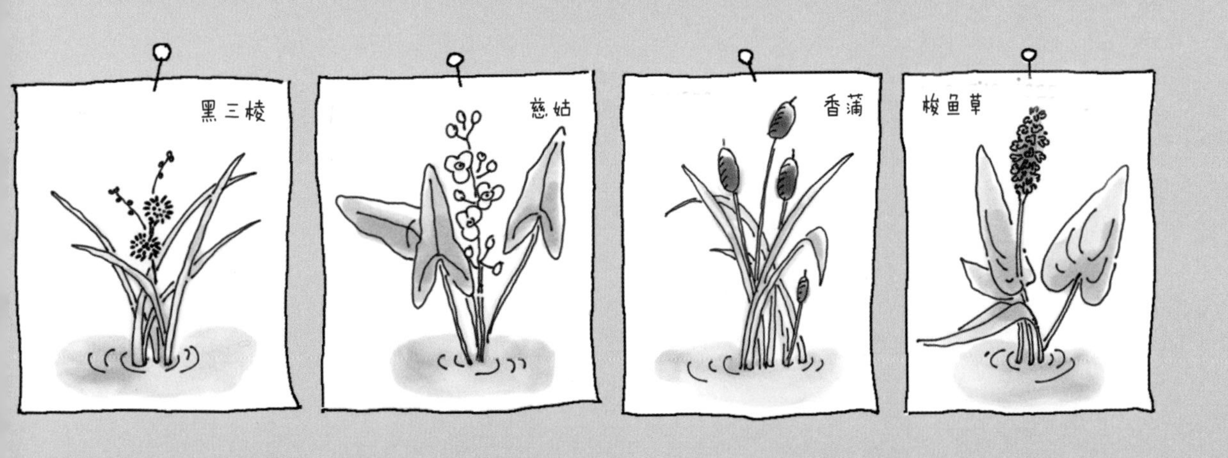
黑三棱
慈姑
香蒲
梭鱼草

实用折叠桌

时间
4 小时

难度
简单

- 首先准备4条桌腿。首先用线锯将4根用作桌腿的木条两端锯成半圆形并用砂纸打磨光滑。将桌腿两两交叉在一起，在桌腿的正中心点，也就是两根桌腿的交叉点用5mm钻头打好贯穿桌腿的螺丝孔。
- 在距离其中两根桌腿下端15cm处打两个螺丝孔，另外两根桌腿在距离上端1.5cm处打孔，螺丝孔皆贯穿桌腿。
- 在两根34cm长的木条的宽面，距离一端1.5cm处，在木条的中线位置用5mm钻头打好螺丝孔。将木条立起来，在窄面上等距离打3个螺丝孔，注意不要和之前打好的孔冲突。
- 分别将两根34cm的木条与一条桌腿连接，螺丝垫好垫片，从木条宽面上的螺丝孔穿入，与桌腿上端的孔相连，另一头也垫好垫片，拧上螺母。

材料

1 块竹板 3cm x 38cm x 50cm
4 根木条 (山毛榉) 3cm x 2cm x 66cm
2 根木条 (山毛榉) 3cm x 2cm x 34cm
1 根圆木棒(山毛榉)直径19 mm，长度32cm
1 根木条 3cm x 2cm x 31cm
2 根铝条 40cm
4 个塑料垫圈 10mm x 2mm
4 颗带螺母和垫圈的螺钉 M4 x 100mm
8 颗自攻螺丝 4mm x 40mm
2 颗自攻螺丝 4mm x 20mm
4 颗自攻螺丝 4mm x 10mm

工具

钢丝锯
20mm钻头
台钳
砂纸
木器漆

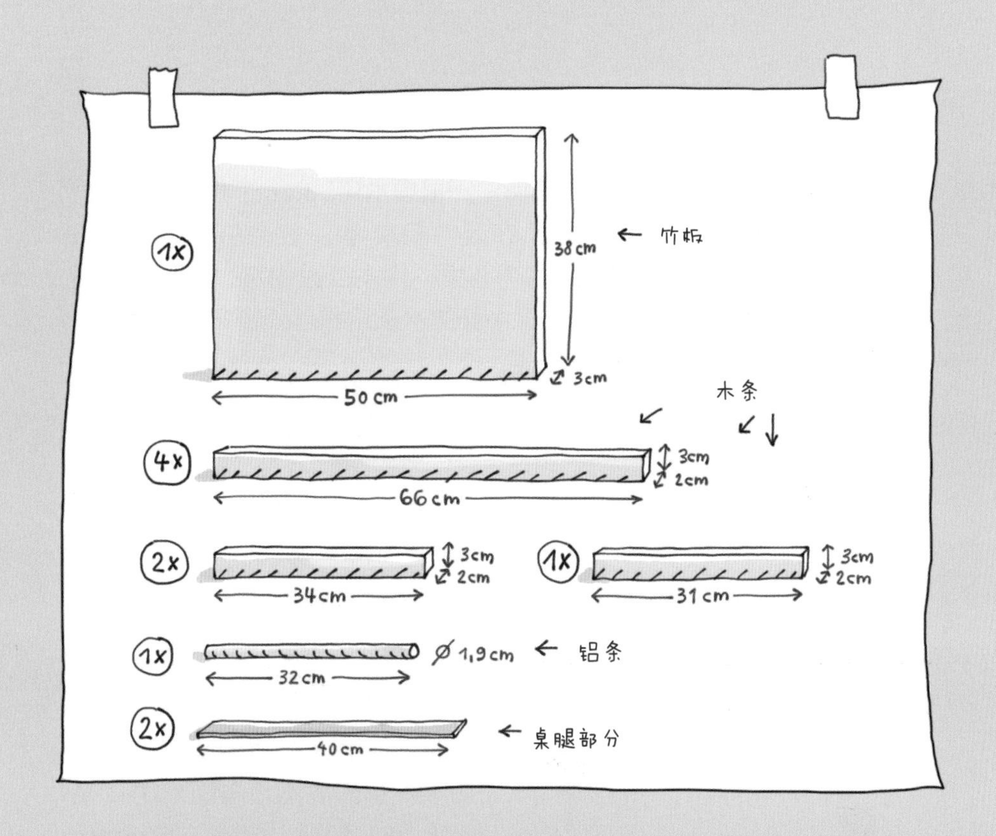
1x
38cm
竹板
3cm
50cm
木条
4x
3cm
2cm
66cm
2x
3cm
2cm
34cm
1x
3cm
2cm
31cm
1x
Ø 1,9cm
铝条
32cm
2x
桌腿部分
40cm

锯成圆弧

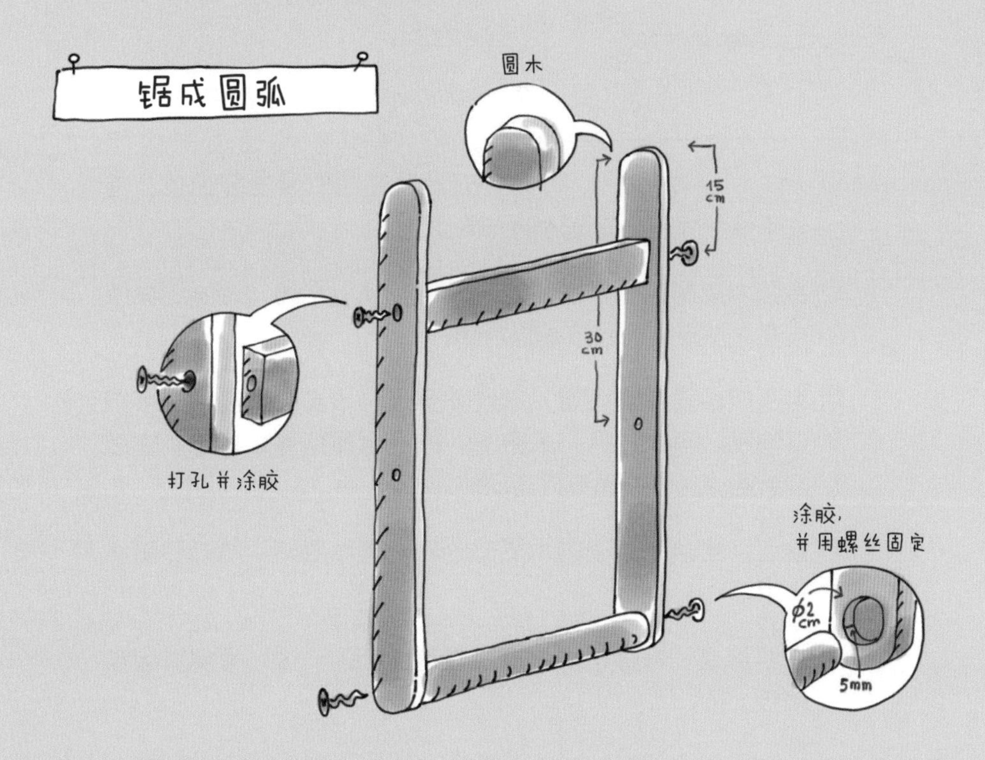
圆木
15 cm
30 cm
打孔并涂胶
涂胶，
并用螺丝固定
Ø2 cm
5mm

- 然后，用另外两条桌腿，一根圆木和33cm的木条做一个框架。先用20mm钻头在这两条桌腿的上端钻出5mm深的孔，将圆木插进这两个孔里，用木工胶固定，并从外侧各拧一颗螺丝加固。33cm长的木条用螺丝固定在距离两根桌腿下端15cm的地方。

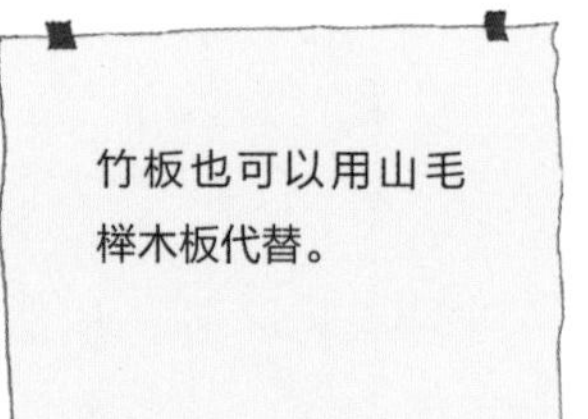
竹板也可以用山毛榉木板代替。

- 用钢丝锯将桌板的4个角锯成圆弧形，用砂纸打磨平滑。
- 从桌板的长边向内量出2cm，从短边向内量3cm，即34cm的木条将要安装的位置。
- 给34cm木条涂好木工胶，粘在桌板上，再用3颗螺丝（4mm×40mm）固定（另一侧用同样方法安装）。
- 将两根铝条加工成如图形状，铝条弯折起的高度应与圆木的直径一致，铝条的两端各打一个4mm的螺丝孔。
- 从34cm木条的位置再向内量5cm，从桌板的长边向内量1.5cm，在此位置安装铝条，首先用螺丝固定没有圆木的一侧。
- 将圆木夹到铝条下面，这一侧也安装上螺丝，这一组桌腿应在之前安装的两条桌腿内侧。
- 将两组桌腿各自固定，螺丝先穿过一根桌腿，垫上一个塑料垫圈，再穿过另一条桌腿，拧上金属垫圈和螺母。安装好后的桌腿应该是可以活动的。
- 最后，给整个桌子的木质部分刷一层木器漆，能起到防水作用。
- 想要将桌子折叠起来，只需提起桌板的一边，桌腿就会自动合上了。

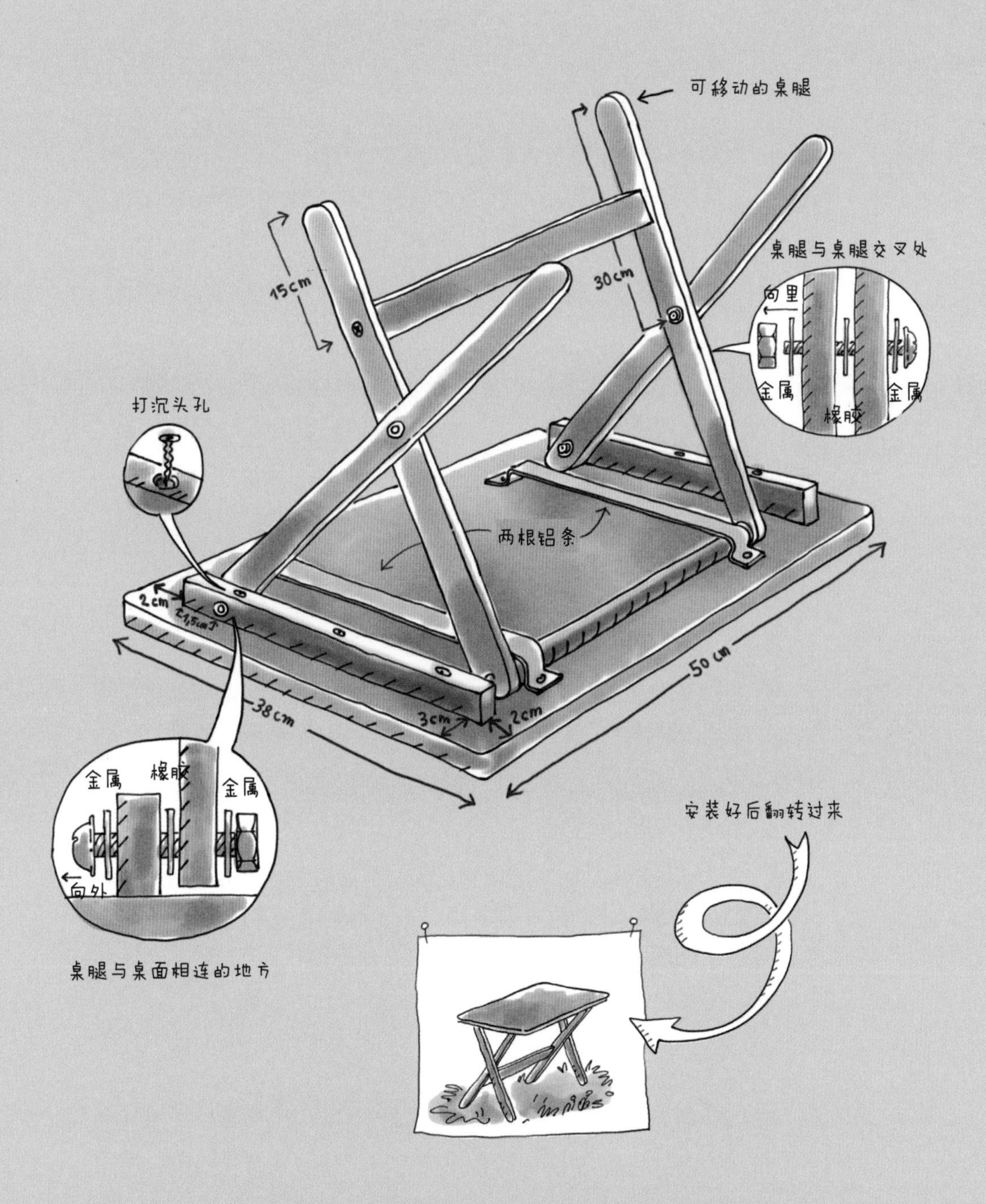
可移动的桌腿
15cm
30cm
桌腿与桌腿交叉处
向里
金属
橡胶
金属
打沉头孔
两根铝条
2cm
2,5cm
50cm
38cm
3cm
2cm
金属
橡胶
金属
向外
桌腿与桌面相连的地方
安装好后翻转过来

停止你的好奇
——可移动庭院屏风

时间
5 小时

难度
简单

材料

2 根木条 3cm x 5cm x 180cm
2 根木条 3cm x 5cm x 150cm
6根圆木棒1.44m长，直径 2.5cm
80~100根柳条，2.2m长，直径不超过1.2cm
2根铝合金U型槽,19mm宽，1.44m长
4个L型平面角码
100 mmx 15mm
20颗不锈钢自攻螺丝
4.5mm x 30mm
14颗不锈钢自攻螺丝
3mm x 12mm
16颗不锈钢自攻螺丝
4mm x 45mm

工具

3mm钻头
3mm金属钻头
钢丝锯
园艺剪

- 首先给4根木条打好螺丝孔，并用4颗4mm x 45mm的螺丝组装成长方形框架，用L型角码给4个角加固，角码装在框架的背面，各用5颗4.5mm x 30mm的自攻螺丝。
- 给6根圆木棒的两端打好螺丝孔，注意孔一定要打在木棒的正中心。
- 为了安装6根圆木棒，在框架的上下两根横梁上打孔。第一个孔距离木条的一端25cm，随后每隔26cm打一个孔，这样最后一个孔距离木条另一端也是25cm，一共6个孔。
- 两根铝合金U型槽也要打孔。第一个孔距离U型槽一端2cm，随后每隔20cm打一个孔，最后一个孔距离U型槽另一端同样是2cm。随后用3cm x 12mm的自攻螺丝将两个U型槽安装在框架左右的立柱内侧。
- 下一步，用12颗4mm x45mm的自攻螺丝将6根圆木棒竖直安装在框架上，螺丝的头部要嵌入木条，不要露在外面。
- 将柳条剪成统一的长度，将它们前后穿插着“编织”在框架上。（见45页图）
- 用柳条将框架布满，越靠上的地方越难穿柳条，但只要耐心一些，总能完成。

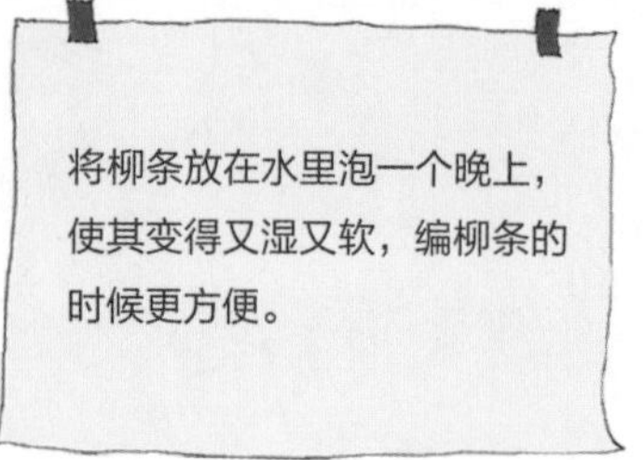
将柳条放在水里泡一个晚上，使其变得又湿又软，编柳条的时候更方便。

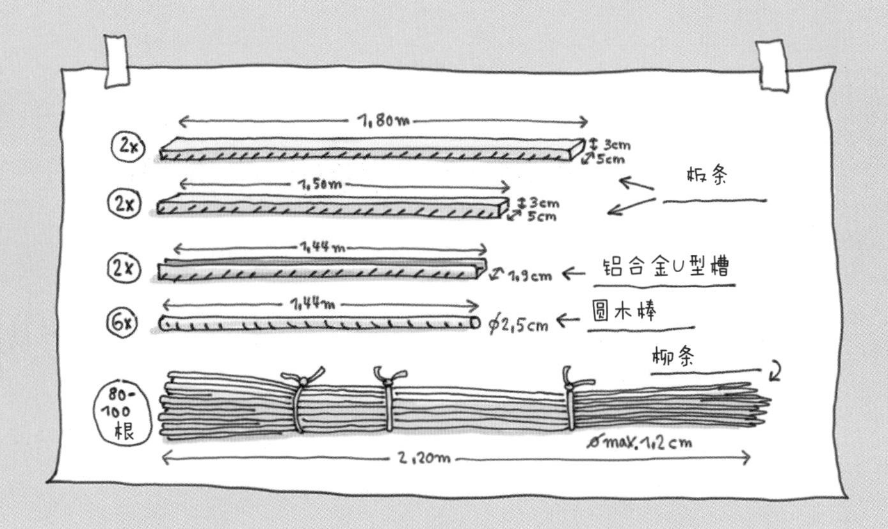

2x
1,80m
3cm
5cm
2x
1,50m
3cm
5cm
板条
2x
1,44m
1,9cm
铝合金U型槽
6x
1,44m
φ2,5cm
圆木棒
柳条
80-100根
φmax.1,2cm
2,20m

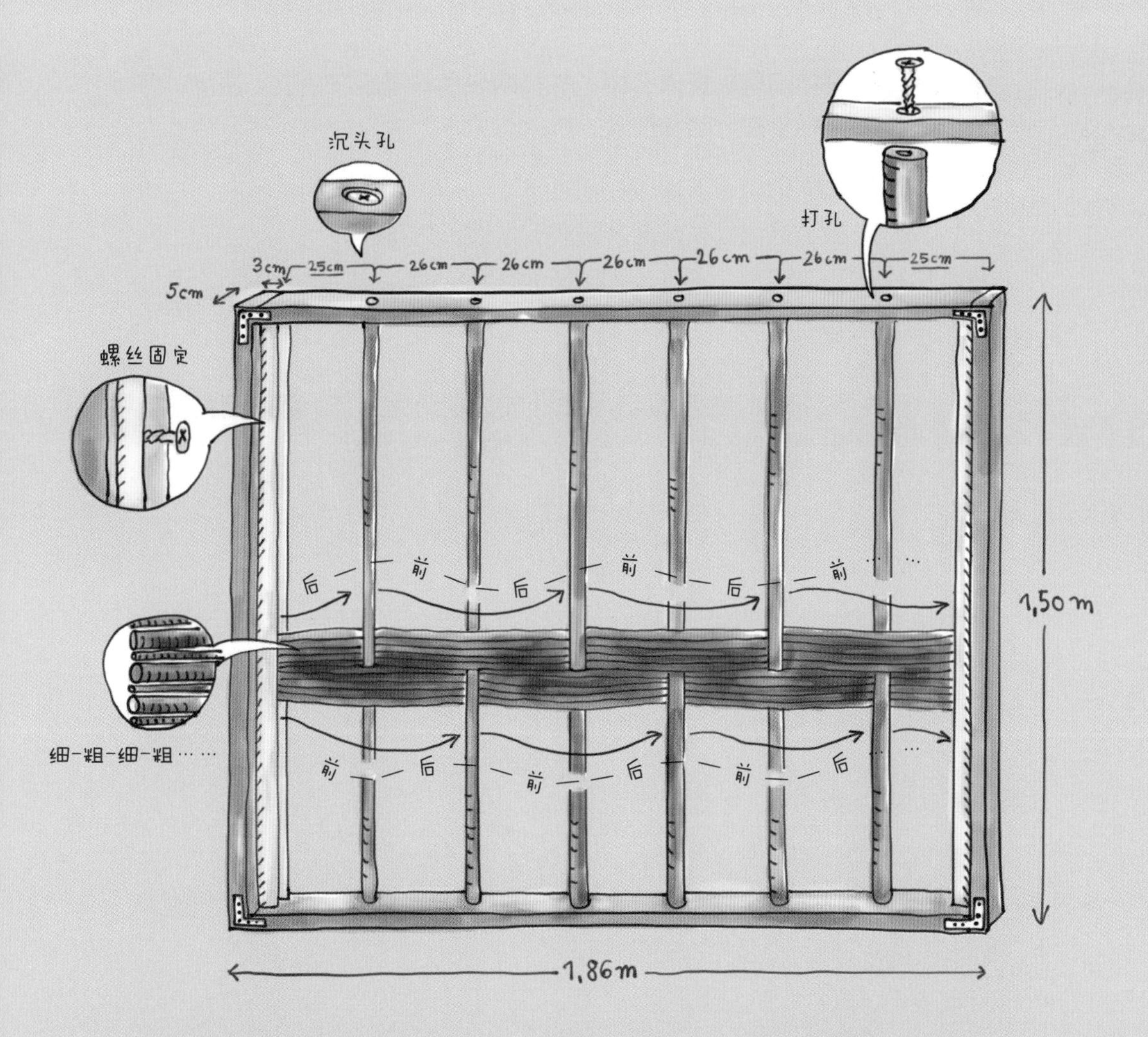

沉头孔
打孔
5cm
3cm
25cm
26cm
26cm
26cm
26cm
26cm
25cm
螺丝固定
后 前 后 前 后 前
前 后 前 后 前 后
细-粗-细-粗……
1,50m
1,86m

随时可供歇息的小座椅

时间
4 小时

难度
简单

其实座椅还有更简便的制作方法：堆起一定高度的砖头，在上面铺好木板，放上坐垫，就可以随时坐上去休息了。

- 您可以在五金加工店将角铁加工成需要的尺寸，打好螺丝孔，并喷好漆。
- 在墙上安装座椅的地方标记角铁4个螺丝孔的位置，要确保精确。
- 在标记位置打孔，孔的直径必须和内迫壁虎相匹配。
- 将内迫壁虎插入孔中，并将两块角铁固定在墙上。注意，每颗螺栓都一定要拧紧。
- 用夹钳将木板固定在角铁下面，透过角铁上的螺丝孔，在木板上标记打孔位置，再取下木板，钻孔。
- 用砂纸对木板的螺丝孔处和棱角处稍加打磨，并涂上一层木器漆。
- 漆干后，就可以将3块木板安装在角铁上了，每块板需要使用4颗紧固螺栓，螺栓的头部应嵌入木板中。

材料

3块木板 (落叶松) 2.7cm x 12cm x 60cm
2块角铁，厚度4mm ，尺寸4cm x 10cm x 40cm, 带有如下螺丝孔:
2个8mm孔用于固定座椅
6个6mm孔用于安装座椅板
4个黄铜内迫壁虎，M型号，8cm x 40mm
4颗带垫圈的A2不锈钢螺栓，M型号，8cm x 50mm
12颗带垫圈和螺母的紧固螺栓，M型号，6cm x 40mm
木器漆

工具

带6mm钻头的电钻
与内迫壁虎尺寸对应的冲击钻
13号棘轮扳手
砂纸
泥工线
夹钳

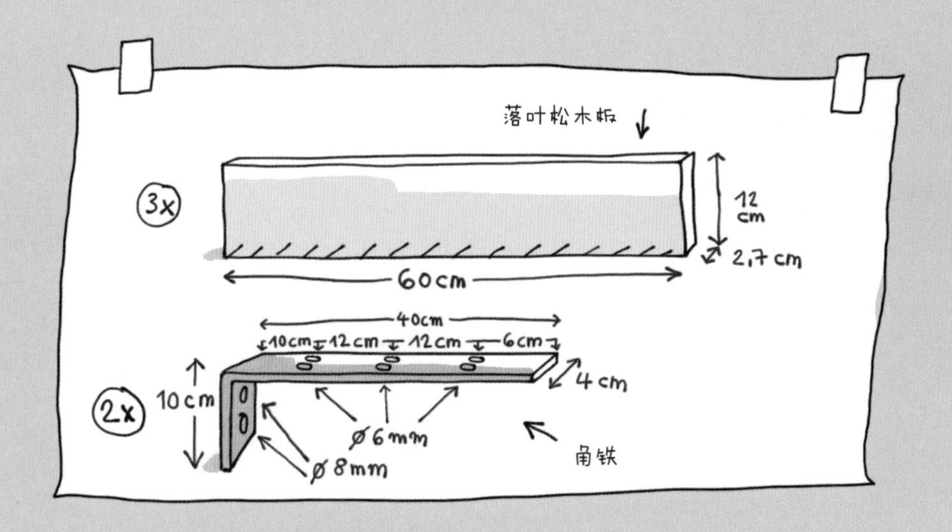
落叶松木板
3x
12 cm
2,7 cm
60cm
40cm
10cm
12cm
12cm
6cm
4cm
10cm
2x
ø6mm
ø8mm
角铁

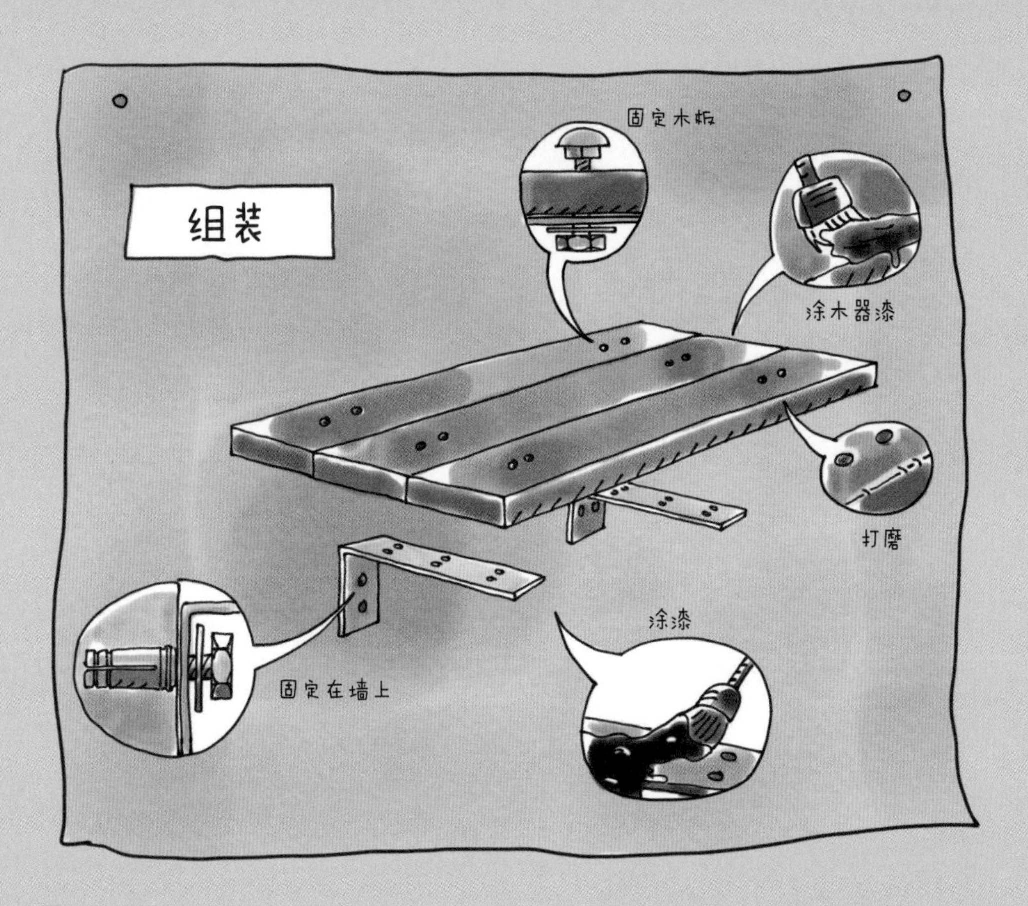
组装
固定木板
涂木器漆
打磨
涂漆
固定在墙上

围树椅

时间

3 天

难度

中等

- 首先用斜切锯将方木按尺寸加工好，每个支架需要5条方木，围树一周共有6个这样的支架。
- 49页上方的木材尺寸是以树干直径20cm的情况计算的，锯木时请严格遵循这些尺寸。如果树的直径不同，则需要自己计算。
- 在12条57.5cm的方木的中间处锯出一个4.5cmx3.5cm的豁口，便于两条方木十字交叉在一起。同时，这12条方木的两端也要斜锯成45° 角。
- 将木板也锯成需要的尺寸，这些木板的两端要锯成60° 角。每一组座椅板需要3块不同长度的梯形木板，一共需要6组。
- 所有锯好的木材按尺寸分类摆放，为后续安装工作提供方便。
- 在安装之前，先将树周围的地面处理平整。为每个支架的脚下摆两块水泥砖，位置一定要非常精确。
- 制作6个支架（见50页图）。所有在需要螺丝连接的地方涂上木工胶，起到加固的作用。每个支架需要用到12颗螺丝。

材料

15m 方木 (道格拉斯杉) 7cm x 4.5cm
10m 木板 (道格拉斯杉) 14.5cm x 2.7cm
大量不锈钢螺丝（米字头）3mm x 80mm

工具

斜切锯
曲线锯
多功能磨光机
12块水泥砖 20cm x 10cm x 6cm
木工胶
木器漆

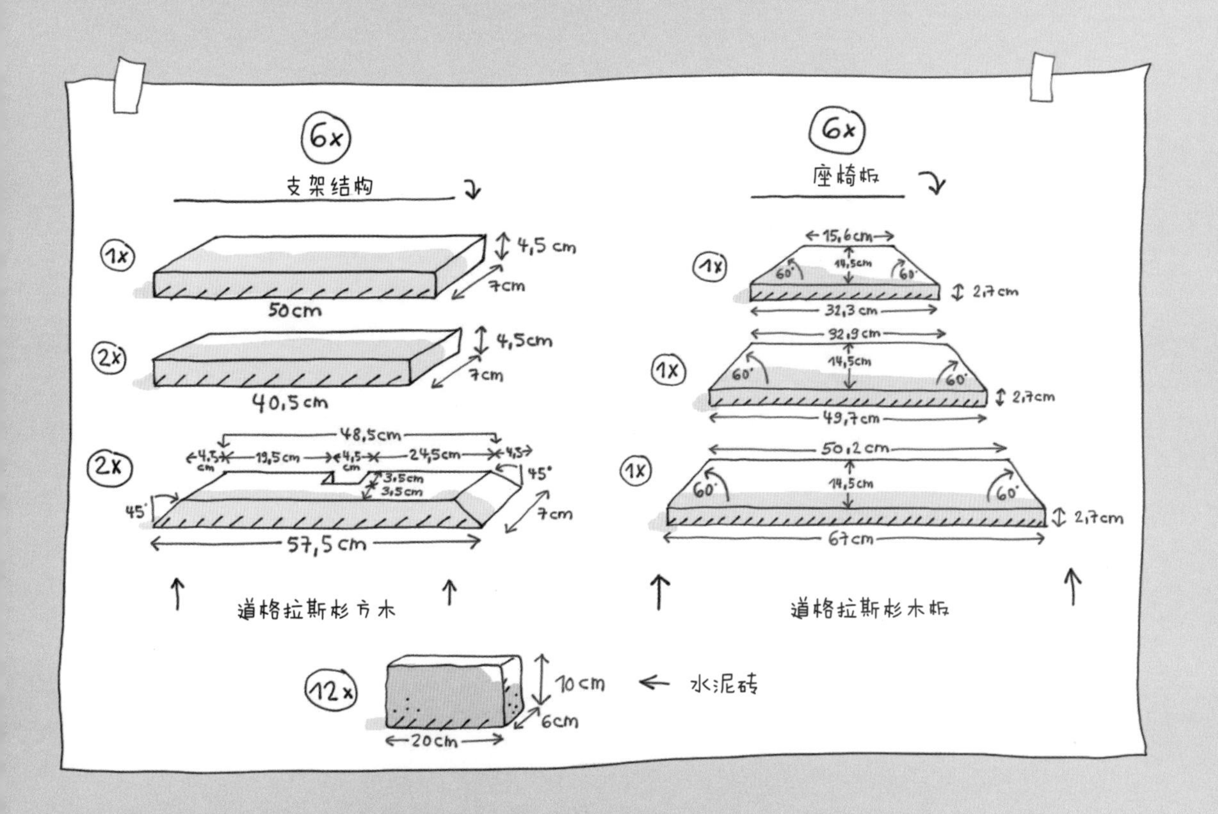
6x
支架结构
1x
4,5 cm
7cm
50cm
2x
4,5cm
7cm
40,5cm
2x
48,5cm
4,5 cm
19,5cm
4,5 cm
24,5cm
4,5
3,5cm
3,5cm
45°
45°
7cm
57,5cm
道格拉斯杉方木
6x
座椅板
1x
15,6cm
14,5cm
60°
60°
2,7cm
32,3cm
32,9cm
1x
14,5cm
60°
60°
2,7cm
49,7cm
50,2cm
1x
14,5cm
60°
60°
2,7cm
67cm
道格拉斯杉木板
12x
10cm
6cm
20cm
水泥砖

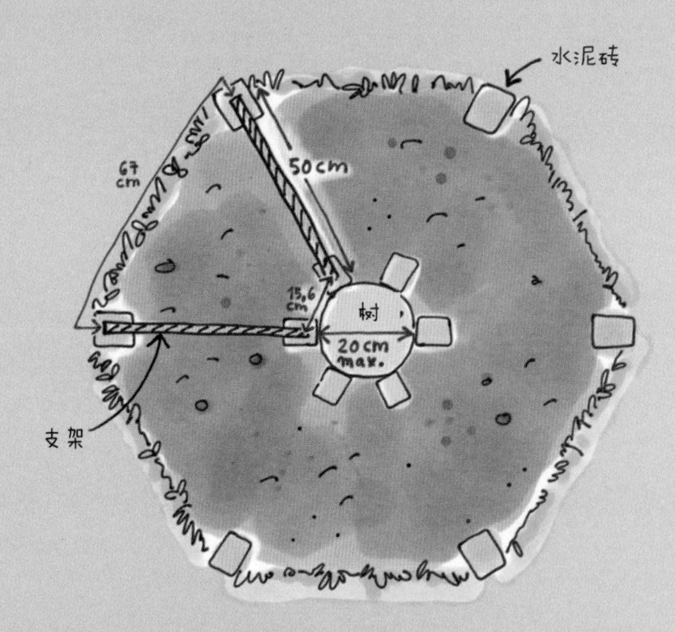
俯视图
水泥砖
67 cm
50cm
15,6 cm
树
20cm max.
支架

- 将支架立在之前摆好的水泥砖上，并安装内圈最短的6块座椅板。安装时，木板的短边朝向内侧，两端各压住两侧支架宽度的一半。螺丝孔需要根据所需位置打好，注意要加工成沉头孔，才能让螺丝头部嵌入木板中。安装过程中如果有一个人帮忙会更轻松一些。（示意图见51页）

- 另外两圈木板也按同样的方法安装，每圈木板之间相隔几毫米。

- 安装每块木板需要用4颗螺丝，每组座椅板需要12颗。

- 座椅板安装好后，用磨光机将椅面打磨平滑，棱角处打磨圆滑一些，最后给整个围树椅上一层木器漆，就大功告成了。

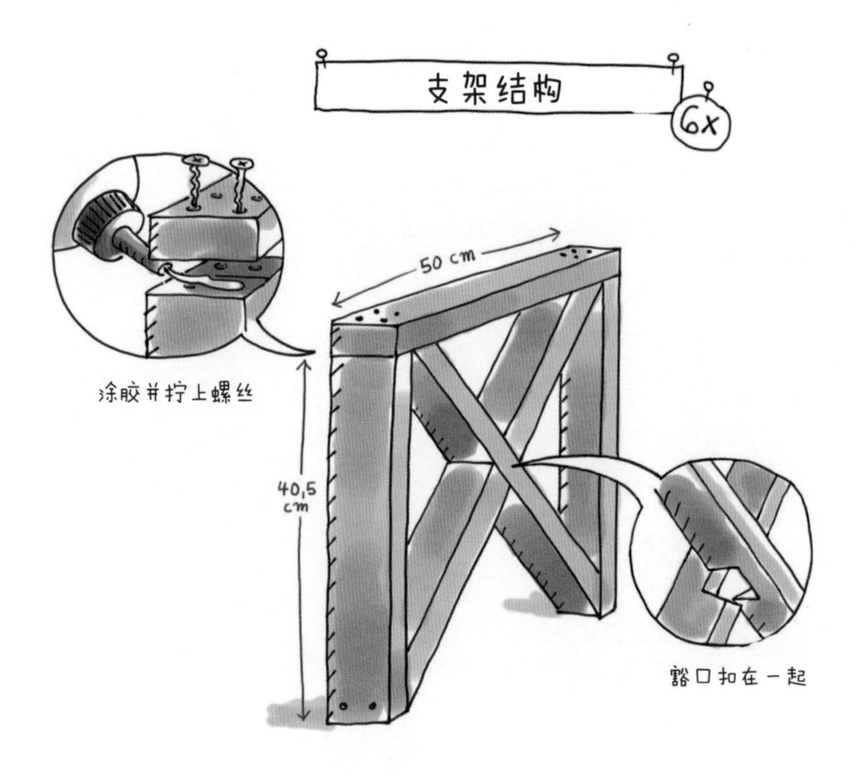

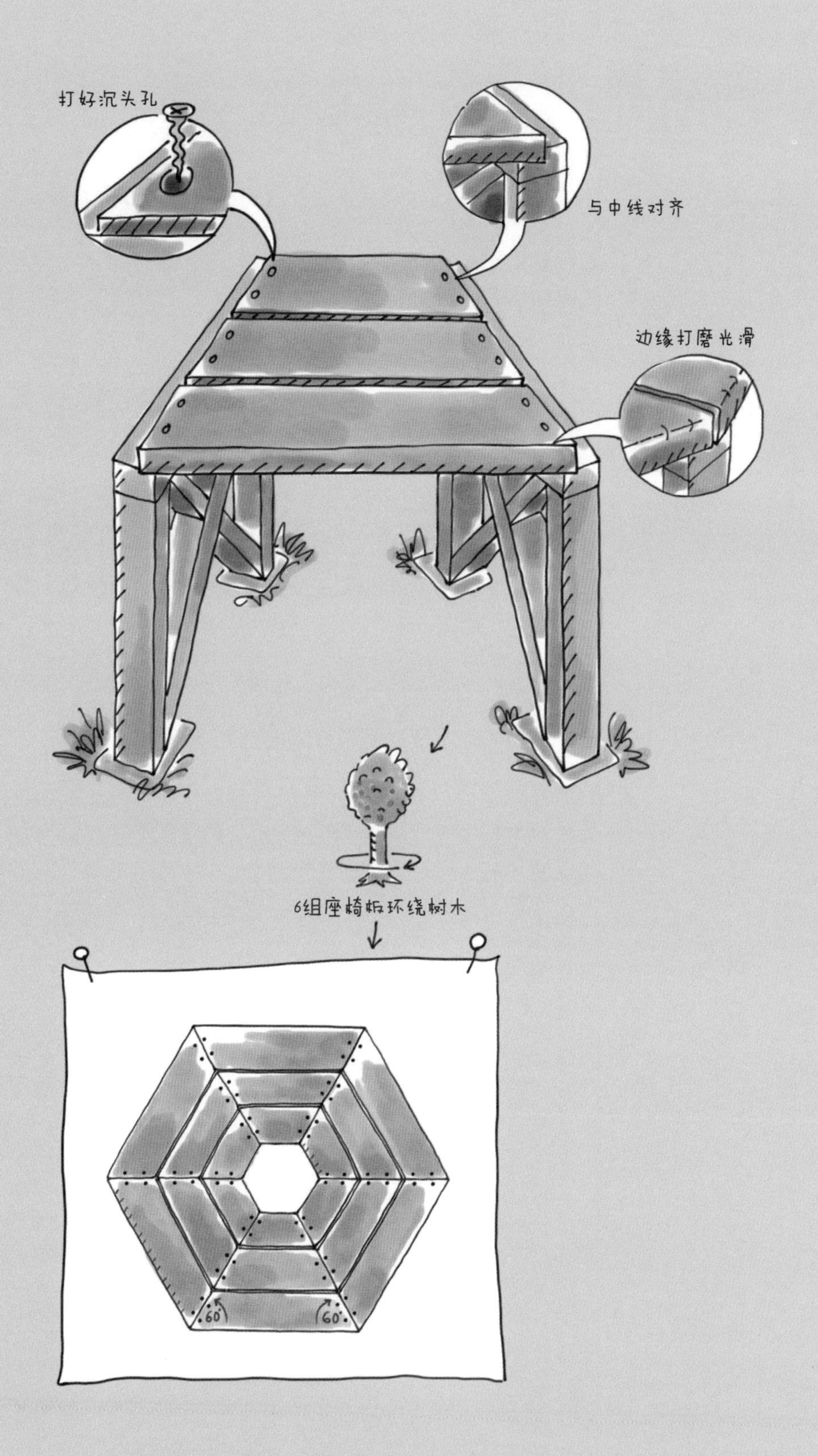
打好沉头孔
与中线对齐
边缘打磨光滑
6组座椅板环绕树木
60°
60°

微型地窖——天然制冷

时间
2天

难度
简单

- 为您的微型地窖选择一个阴凉的地方，最好完全不会受到太阳直射，可以在地窖中储存冷饮。
- 首先，将板皮钉成一层90cm长、50cm宽、80cm高，盒子状的壁板（只做四壁，上下敞开），并用方木在内部进行横向、斜向的支撑加固。
- 将做好的壁板立在选择好做地窖的地方，在地上描出轮廓。
- 接下来就可以挖坑了，坑的四周都要比壁板的位置宽出15cm。注意，坑的四壁要尽量平整且与地面垂直，铁锹可以帮得上忙。
- 坑挖好后，将壁板放入坑中，并借助水平仪调整放入的位置。
- 在壁板和坑的四壁之间置好钢筋，并浇筑混凝土。
- 为了方便之后给地窖加上盖子，需要做第二组12cm高的壁板。该组壁板置于第一层壁板上方，同样用方木支撑加固，露出地面12cm。（见55页上图）

材料

板皮（用于第一层壁板）90cmx50cmx80cm
2.3cm厚的木板（用于第二层壁板），以下尺寸每种两块：
12cm x 50cm
12cm x 90cm
12cm x 80cm
12cm x 120cm
方木
胶合板 2cm x 70cm x 115cm 用作盖子
2根板条 3cm x 5cm x 85cm
2根板条 3cm x 5cm x 43cm
不锈钢螺丝 40mm x 3mm
2个装在盖子上的提手12cm细钢筋
预制混凝土

工具

铁锹、镐
抹刀
木匠锤
建筑用钉

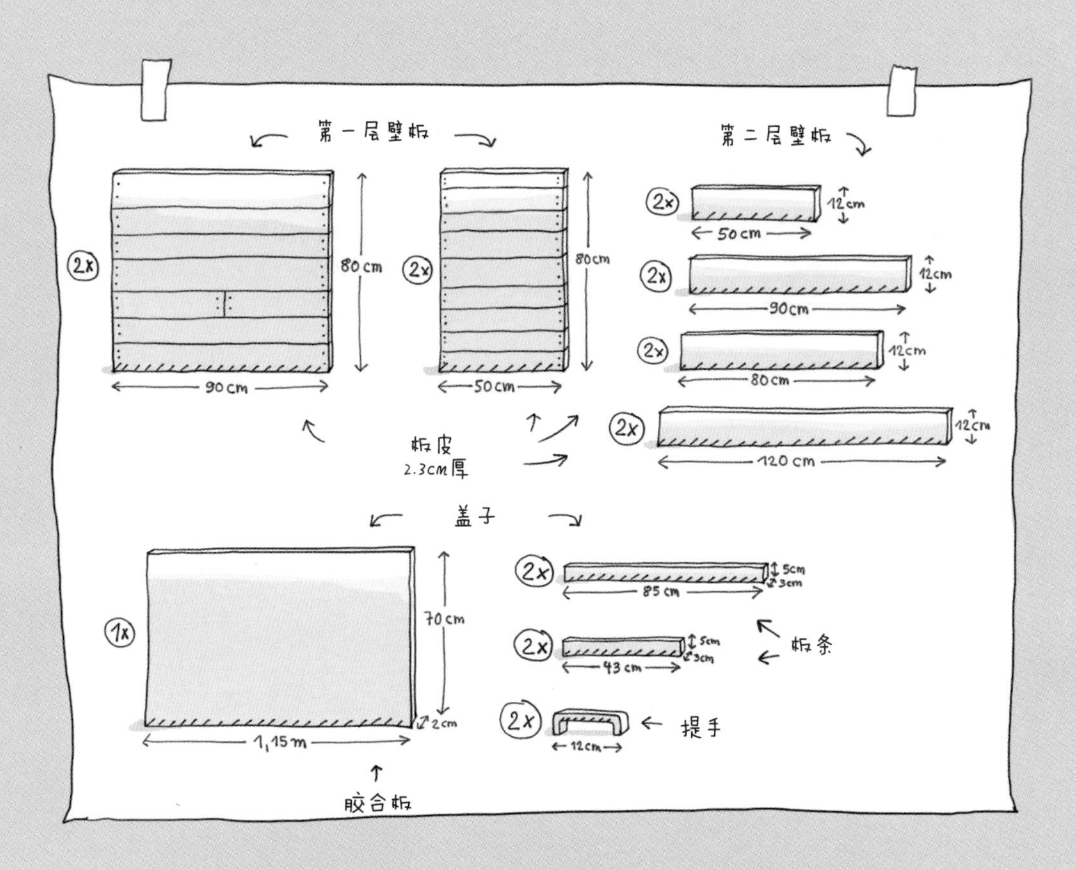

第一层壁板
第二层壁板
2x
80cm
90cm
2x
80cm
50cm
2x
12cm
50cm
2x
12cm
90cm
2x
12cm
80cm
2x
12cm
120cm
板皮
2.3cm厚
盖子
1x
70cm
2cm
1,15m
胶合板
2x
5cm
3cm
85cm
2x
5cm
3cm
43cm
板条
2x
12cm
提手

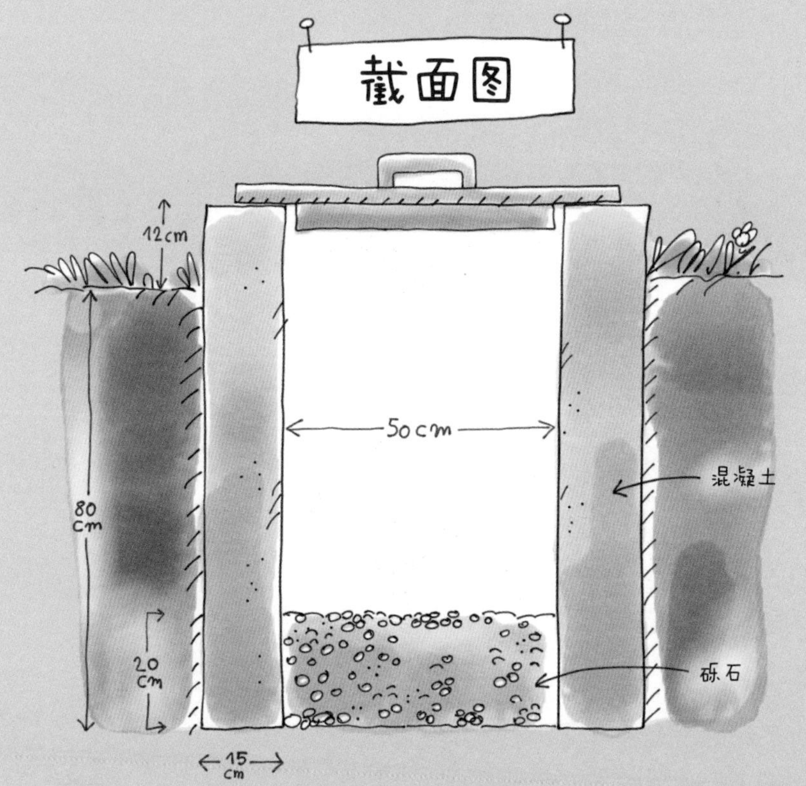

截面图
12cm
50cm
80
cm
20
cm
15
cm
混凝土
砾石

如果觉得这些制作过程太麻烦，可以直接购买一只大的法兰桶埋进地里，也能起到类似的作用。

- 在第二组壁板的两层之间注入混凝土。
- 在等待晾干的过程中，需在浇筑混凝土后两天的时候暂时取出所有壁板，否则混凝土和木板会牢牢固定住，木板就很难再被取出了。
- 用2cm厚的胶合板为地窖做个盖子。为避免滑动，请在盖子下面的中央用板条做一个方框，与地窖的开口大小相匹配，每条边留出一厘米左右的空隙。（见55页下图）
- 为了便于打开盖子，在盖子上面安装两个12cm长的提手。
- 最后，在地窖底部铺一层20cm厚的砾石。在使用中可以给砾石浇一些水。
- 蒸发的作用会使冷却效果更好，储存的冷饮更冰爽。

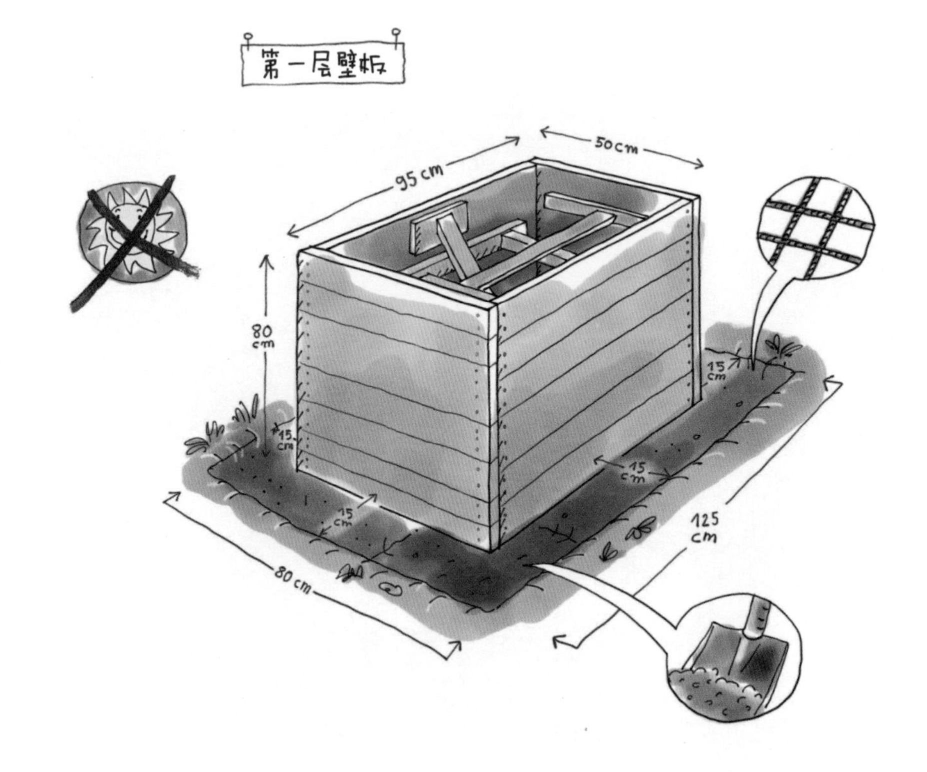

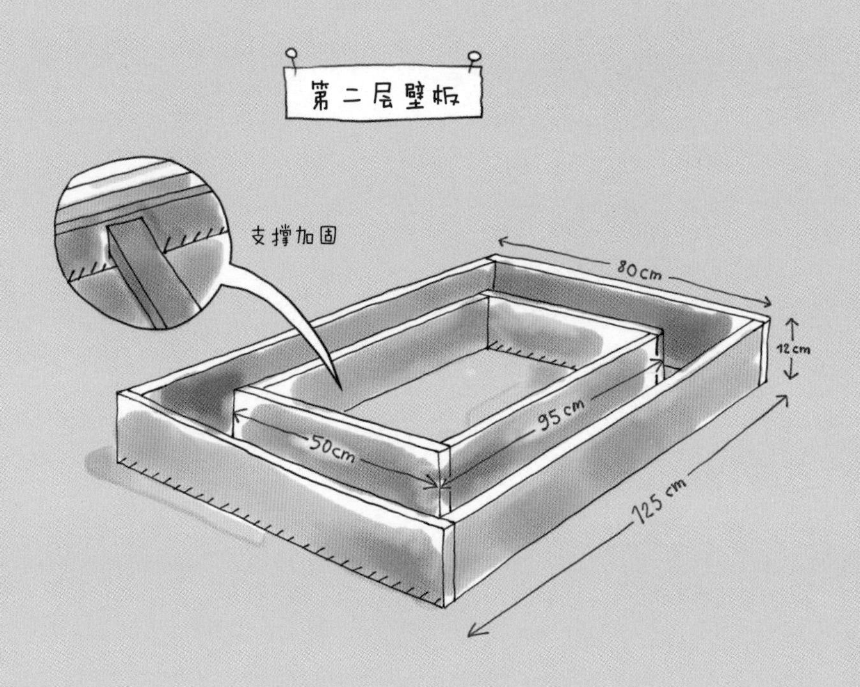
第二层壁板
支撑加固
80cm
12cm
95cm
50cm
125cm

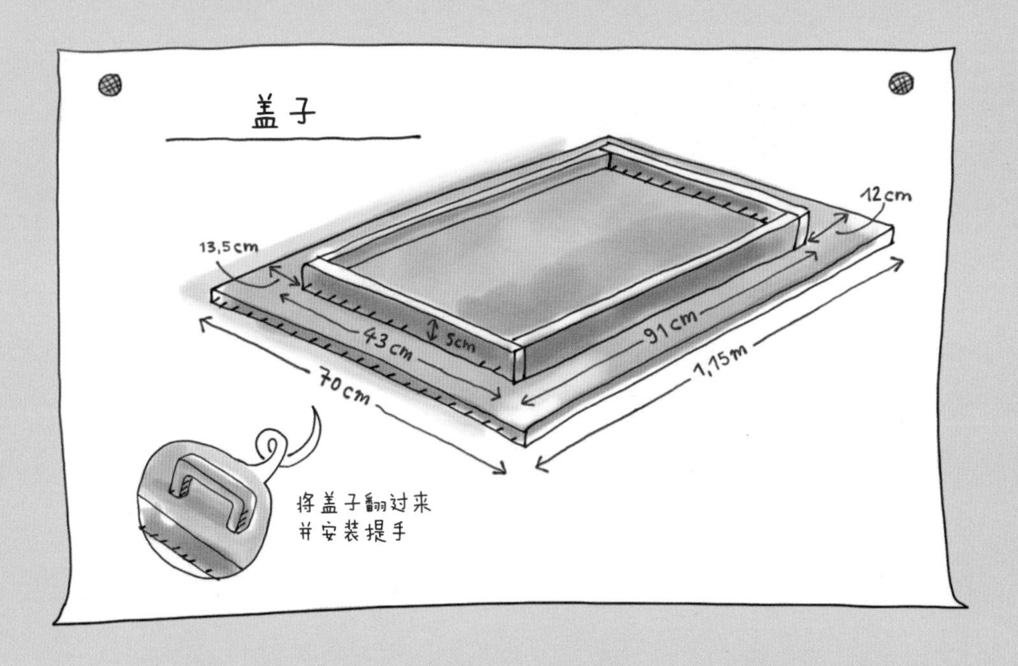
盖子
12cm
13,5cm
43cm
5cm
91cm
1,15m
70cm
将盖子翻过来
并安装提手

园艺好帮手

意想不到的东西，都能在园艺工作中发挥巨大的作用

一年生藤本植物通常生长迅速，需要爬架的支撑。自制的攀爬架既有个性又节省成本。→ 60页

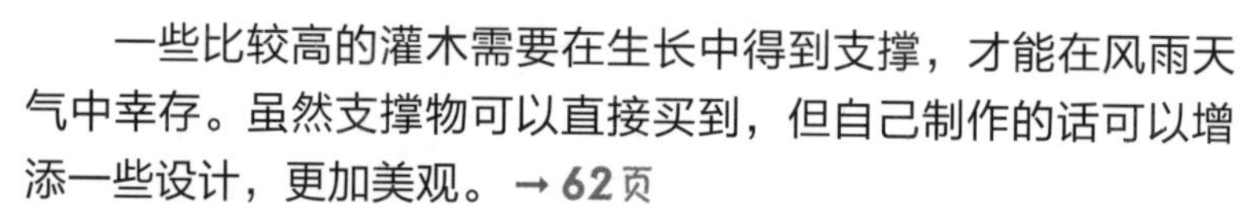

一些比较高的灌木需要在生长中得到支撑，才能在风雨天气中幸存。虽然支撑物可以直接买到，但自己制作的话可以增添一些设计，更加美观。→ 62页

如果任由黑莓自由生长的话，很快它就会占满整个庭院。用黑莓架可以限定它的生长范围，保护其他植物。→ 64页

二手窗户很容易就可以淘到，稍稍对它加以改装便可以成为实用的花槽防雨盖 。→ 66页

种植番茄时，一定要做好天气防护。虽然也有抗霉抗冻的品种，但还是建议做一层罩子进行保护。→ 68页

如果庭院里经常有“小偷”光顾的话，种植再多的作物都是徒劳无功。给植物加上一层保护罩，就能很好地解决这个问题。→ 70页

花圃围栏既美观又能起到防护作用，还能使浇水更加方便。→ 72页

在浇水时水管碰到或压倒植物，是非常恼人的一件事。用竹竿即可引导水管的走向，防止这一问题的出现。→ 74页

将盆栽统一放在一个底架上，既方便打理，又能形成一道风景。→ 76页

用木制栈板或欧式栈板可以做成草本植物墙，既美观又耐用。→ 78页

螺旋形的花坛可以让您在有限的空间内种植更多种类的植物。→ 80页

花箱是一种很流行的种植器皿，既美观又好打理。→ 84页

自己制作的积肥器可以达到便于安装和拆卸的效果，比传统的、只能固定放置的积肥器方便许多。→ 88页

在炎热的夏天，水资源是极其宝贵的。自制的雨水收集器可以大量回收水资源，起到节约的作用。→ 90页

一旦您有了一个盆栽工作台，就会时刻感到方便。对盆栽进行移植、播种、修剪等工作时都可以在工作台上完成。→ 94页

庭院的主人经常会储存各种各样的种子，一个小小的木盒子就能帮上大忙。→ 98页

一些小的工具，如园艺剪、小铲子等，需要一个工具收纳箱来储存。→ 100页

一年生藤蔓植物的攀爬架

时间

1.5 小时

难度

简单

材料

2根带树皮的桦树干，直径 6cm，长 200 cm
直的榛树枝条，直径 2.5cm~3cm
木螺丝 3mm x 40 mm
木工锯

- 选两根长度合适、尽可能笔直的桦树干，并去掉表面的枝杈。
- 用锯给两根树干较粗的一头加工成尖头。
- 将榛树枝条剪成60cm长的段，用作横梁。在每一根上距离两端10cm的地方用3mm钻头打好孔，孔的位置尽量精确，确保每根上面的孔能够上下对齐。
- 200cm高的架子共需要13根这样的横梁，每两根横梁之间相隔15cm。架子顶端高出横梁5cm，下端（尖头的一段）留出15cm。
- 用螺丝将横梁与两根树干固定，螺丝孔与树干的正中间对齐。
- 将攀爬架像梯子一样靠在墙边，下端可以插入土里。

如果想要攀爬架的视觉效果更好，可以将横梁穿过两根树干，这样就不需要使用螺丝了，但要在两根树干上根据横梁的宽度打好孔。

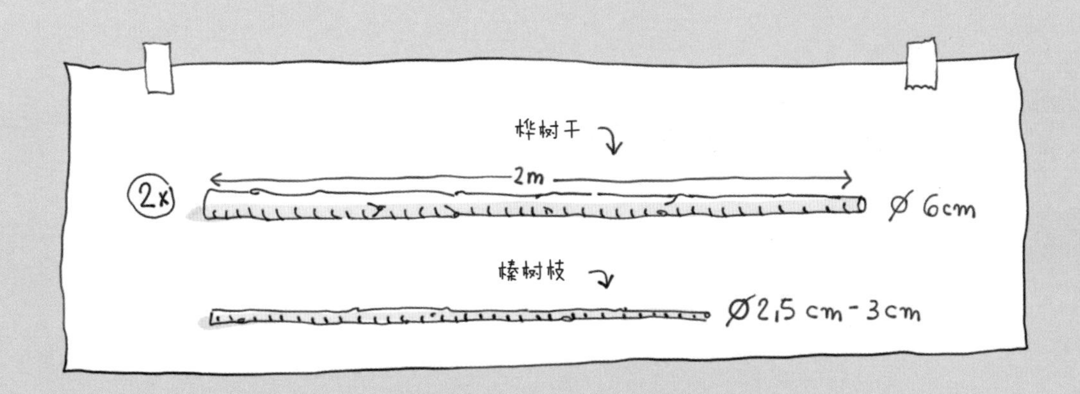
桦树干
2m
2x
Ø 6cm
榛树枝
Ø2,5 cm-3cm

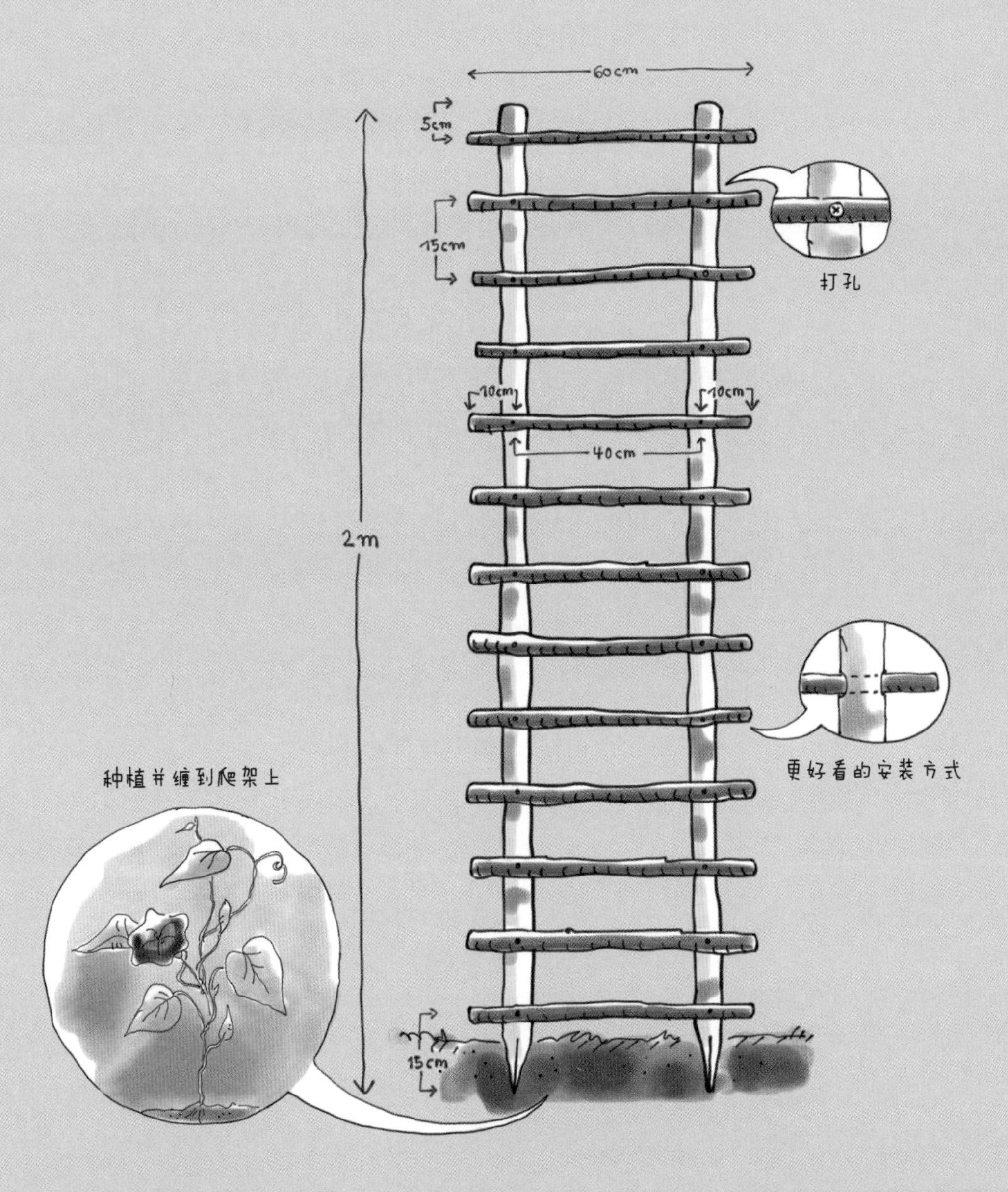
60cm
5cm
15cm
打孔
10cm
10cm
40cm
2m
更好看的安装方式
种植并缠到爬架上
15cm

灌木支架

时间

1 小时

难度

非常简单

> 在生产葡萄的地区可以用葡萄树桩代替松木桩，葡萄藤代替铁线莲藤。

- 首先用4根松木桩围起灌木丛，垂直插入土中。围栏大约80cm宽，两根木桩之间的部分将会起到支撑作用。
- 用铁线莲或葡萄的藤围起4根木桩，用布条在每一个交叉点固定，为了使这个起支撑作用的藤环能够上下活动，最好系平结。藤条两端的相遇处用扎丝扎紧，形成藤环。
- 可选固定方法A:在每根木桩上安装一个4cm大小的单边管夹，让藤环从这里穿过。这种方法的固定效果很好，但藤环不能上下移动。
- 可选固定方法 B:在将木桩插入土中之前，在距离木桩上端至少10cm的位置打一个直径13mm的孔。木桩固定好后，将藤条穿过打好的孔。这种方法比较美观，但同样不能让藤环上下移动。

材料

松木桩 3cm x 100cm
布条
铁线莲或葡萄的藤
扎丝
可选固定材料:
4cm单边管夹、不锈钢螺丝

工具

锤子
13mm钻头
剪子
钳子

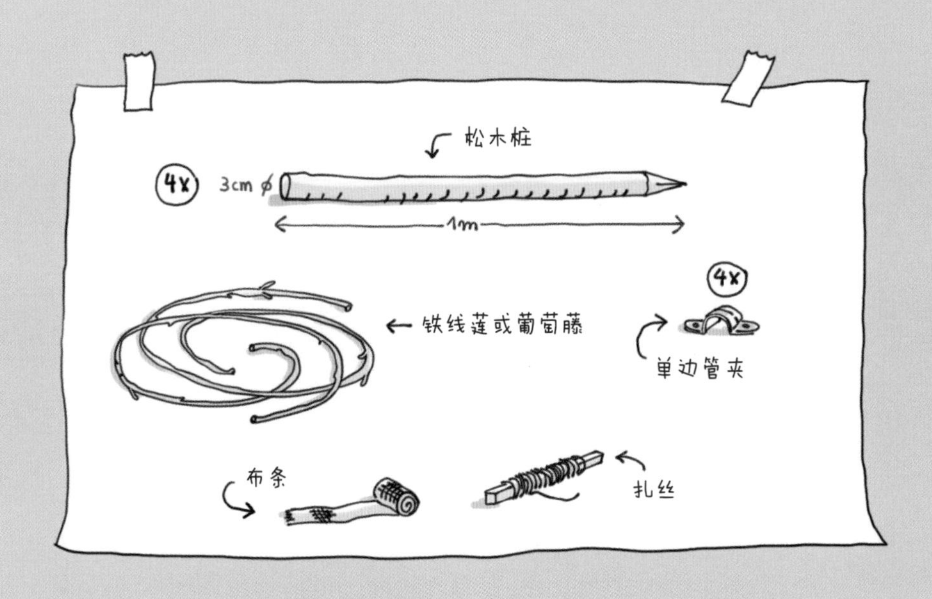
松木桩
4x
3cm ∅
1m
铁线莲或葡萄藤
4x
单边管夹
布条
扎丝

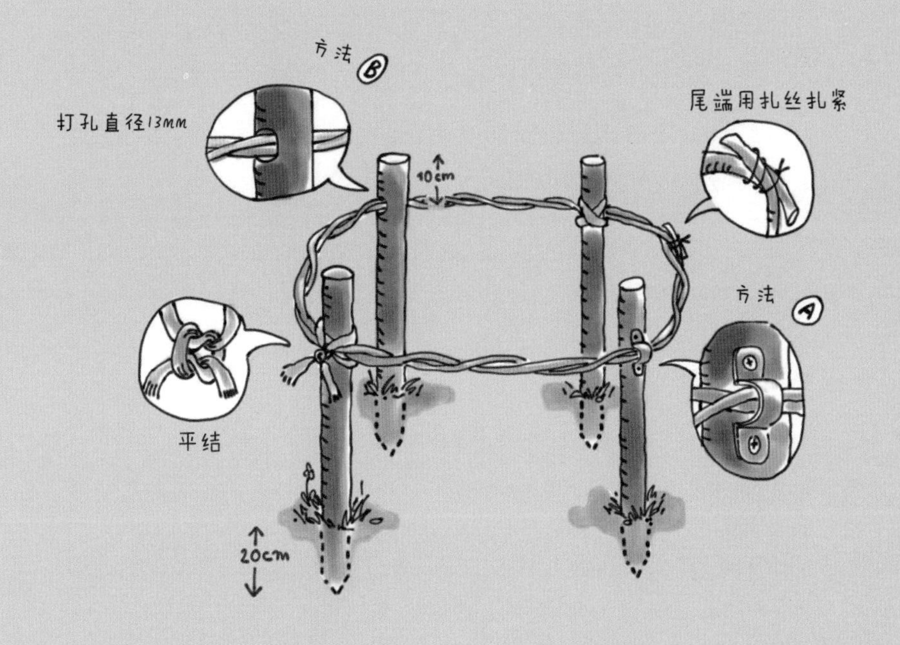
方法 B
打孔直径13mm
尾端用扎丝扎紧
10cm
方法 A
平结
20cm

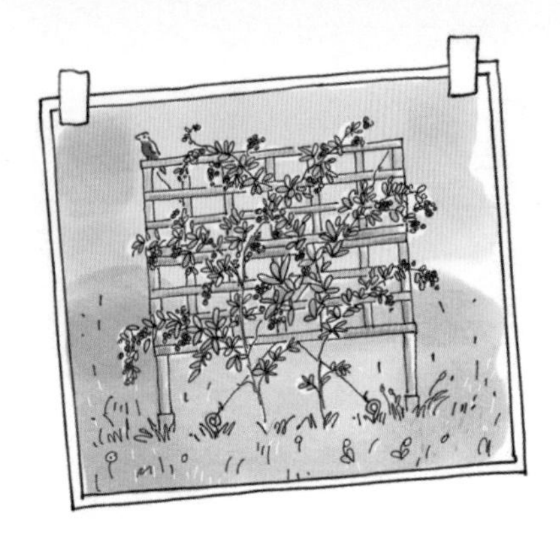

黑莓藤架

时间
3 小时

难度
简单

除了爬藤网，还可以使用细木条、钢丝绳等。动物园隔离网也可以使用，但不太美观。

- 首先将两个地插插在种黑莓的地方，间距162cm。地插一定要垂直插入土中，并在安装过程中多次用水平仪检查角度。
- 将两根支柱插进地插的槽里，并用内六角自攻螺丝固定，每根支柱用两颗螺丝，在拧螺丝的过程中也要注意保持地插的角度垂直。
- 用纤维板钉将抛光木板安在两根支柱的顶端。
- 在距离两根木桩30cm处分别安装两个地锚，将绿皮钢丝绳一端固定在地锚的环上。在藤架的两个顶角分别安装紧线器，两根钢丝绳交叉，另一端固定在紧线器上，同等拉紧，框架部分就完成了。
- 最后，用螺丝将爬藤网固定在藤架上，将黑莓的藤绑在爬藤网上，便大功告成!

材料

2 根支柱 9cm x 9cm x 180cm
2 个地插 9.1cm x 9.1cm x 75cm
4 颗内六角自攻螺丝 6mm x 60mm
1 块抛光木板5cm x 9cm x 180cm
2 颗纤维板钉 5mm x 100mm
爬藤网
大量自攻螺丝 4mm x 60mm
2个地锚
2个紧线器
绿皮钢丝绳 3.1mm粗

工具

木工锤
棘轮扳手和10号螺母

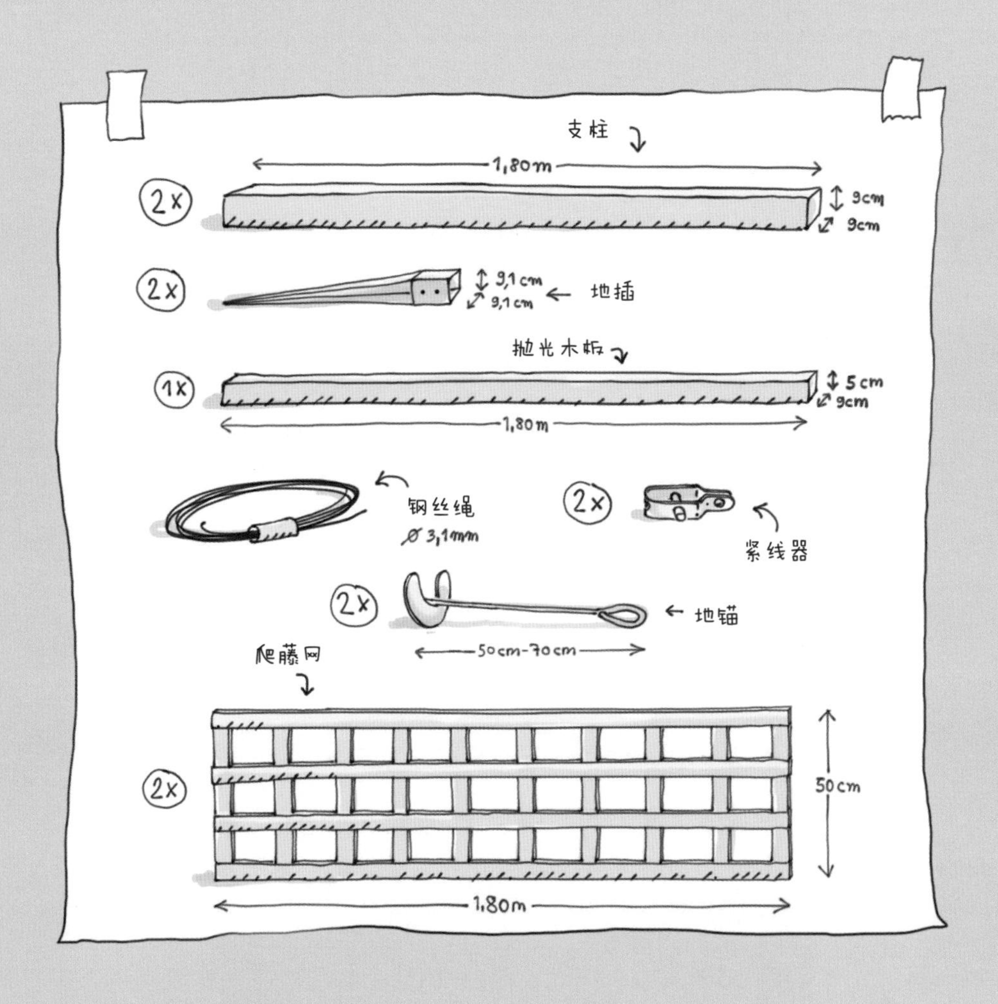

支柱
1,80m
2x
9cm
9cm
2x
9,1cm
9,1cm
地插
抛光木板
1x
5cm
9cm
1,80m
钢丝绳
∅ 3,1mm
2x
紧线器
2x
地锚
50cm-70cm
爬藤网
2x
50cm
1,80m

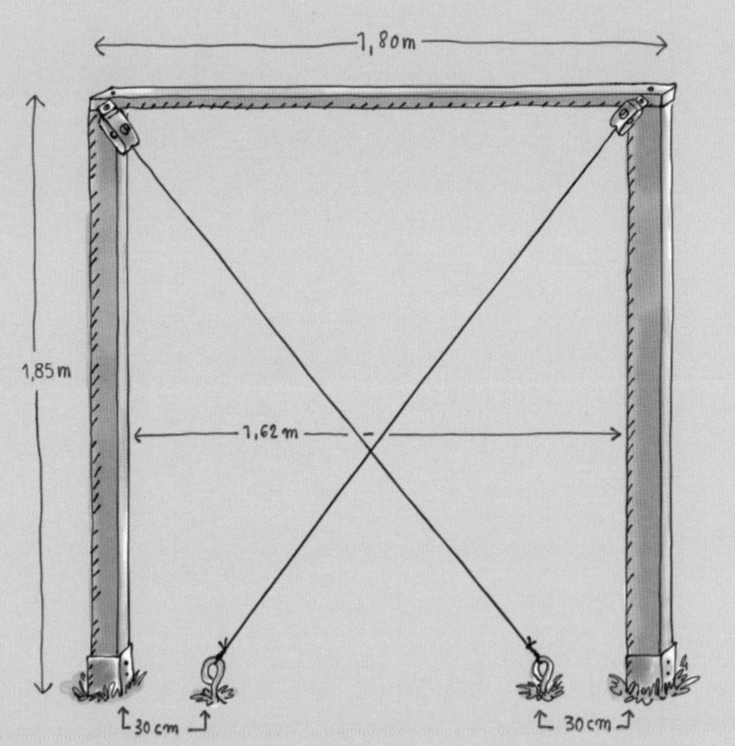

1,80m
1,85m
1,62m
30cm
30cm

花槽防雨盖

时间

2.5 小时

难度

非常简单

可以准备一根30cm长的木条，在打开盖子换气时起到支撑盖子的作用。

- 在放置花槽时注意：其中的一端要比另一端高一些，这样加上盖子之后就能方便雨水流下。
- 为花槽找一扇尺寸匹配的旧二手木制窗户，或者实现根据窗户的大小选购花槽。
- 将窗户从窗框上摘下，去掉窗户上所有多余零件，只保留合页。
- 将窗框嵌在花槽内壁上沿，用4个螺旋夹钳固定。
- 将窗框安装在花槽上时，需要利用窗框上原有的螺丝孔，一般在合页的一侧和开窗的一侧各有3个孔。如果孔上有之前留下的螺丝和胶，先清理干净。
- 透过窗框上的孔，用8mm钻头给花槽打孔，螺栓从内部的孔穿入，用垫圈和螺母拧紧。
- 把窗户重新装在窗框上，可以掀开的盖子就做好了。
- 在开窗的一侧安装提手，方便盖子的开闭。

材料

二手窗户（带窗框），大小与花槽匹配
6 颗螺栓, 10mm x 100mm, 带垫圈和螺母
提手及配套螺丝

工具

4个螺旋夹钳
17号扳手
8mm钻头

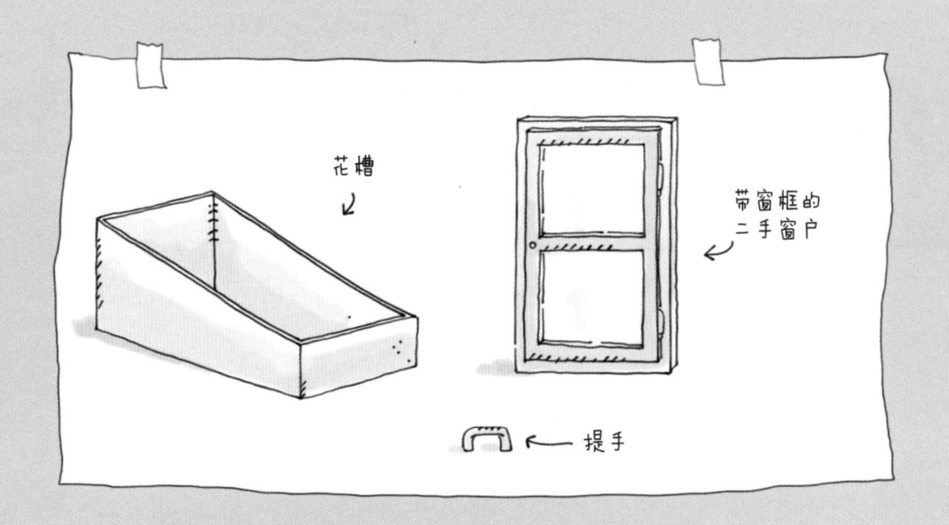
花槽
带窗框的
二手窗户
提手

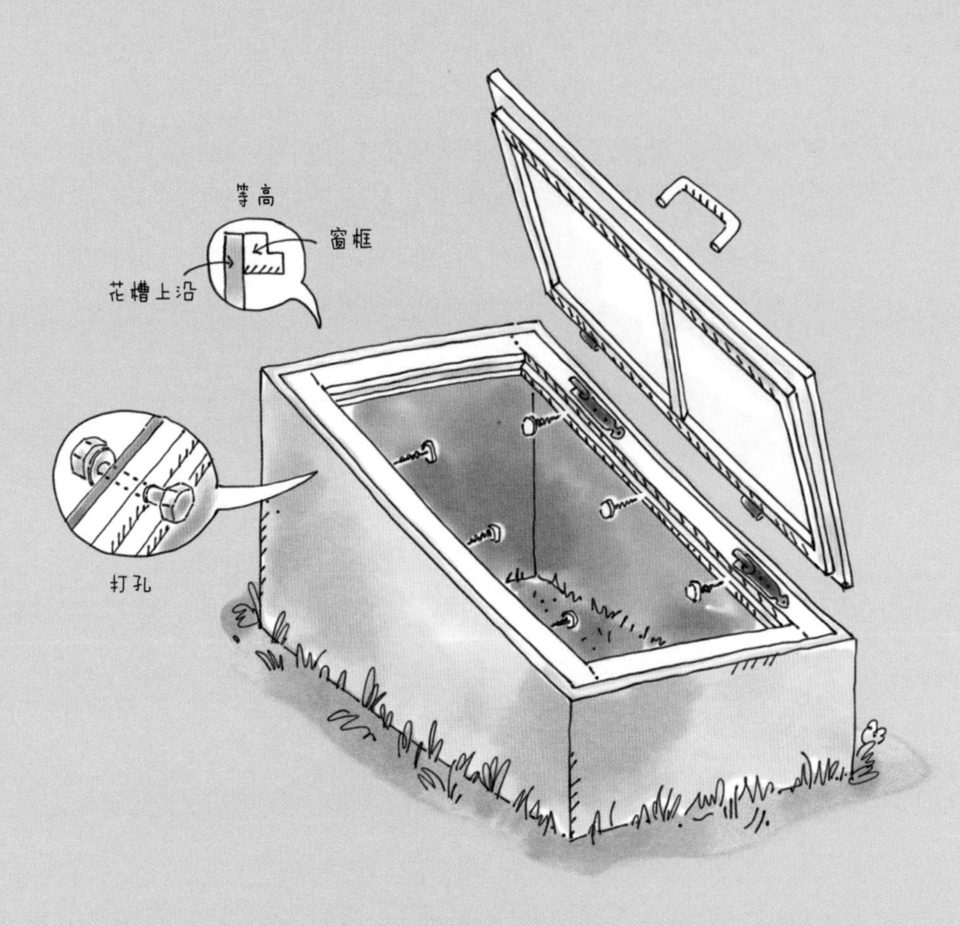
等高
窗框
花槽上沿
打孔

西红柿暖房

时间
3 小时

难度
简单

想让暖房的防风效果更好的话，可以用地锚和聚丙烯绳子给它加固。

- 暖房的木架结构非常简单，如果有尺寸合适的成套木架材料，可以直接选购。
- 首先选择暖房的位置，在地面标记出一个1m x 2m的矩形空间。用冲子在矩形的4个角上各凿一个大约30cm深的洞。
- 将板条锯成材料清单中列出的长度。
- 将两根230cm和两根200cm的板条插进四个洞中，用锤子稍稍砸实一些。
- 注意：4根柱子必须垂直插入地面，并且前面的两根和后面的两根露出地面的高度不同，主要防雨的一侧稍矮一些。
- 较矮的两根柱子用3根平行的板条（200cm）固定，较高的一侧在顶端用一根板条固定。
- 架子的两侧各用一根100cm的板条固定，两根105cm的板条安装在顶端。最后一根200cm的板条安装在顶部中央作为横梁，起到加固作用。
- 将防雨布铺在架子上并固定好，选购有配套固定装置的防雨布会很便于安装。
- 确保整个暖房都能被防雨布遮住，两侧也要用剩下的防雨布盖上。在防雨布前面的一端安上一根240cm的板条，就做成了卷帘，方便日后掀开、合上。

材料

如下尺寸的板条：
3cm x 5cm x 240cm，1根
3cm x 5cm x 230cm，2根
3cm x 5cm x 200cm，7根
3cm x 5cm x 105cm，2根
3cm x 5cm x 100cm，2根
绿色防雨布，2m宽，约8m长
自攻螺丝 3.5mm x 50mm

工具

钢锯、锯木架
锤子
老虎钳
冲子

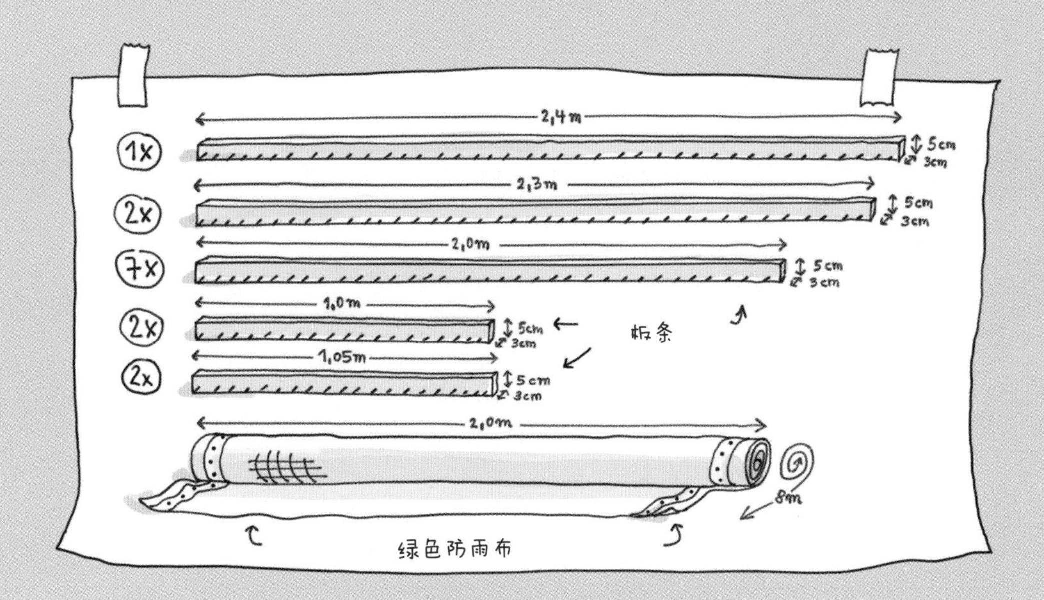
2,4m
1x
5cm
3cm
2,3m
2x
5cm
3cm
2,0m
7x
5cm
3cm
1,0m
2x
5cm
3cm
板条
1,05m
2x
5cm
3cm
2,0m
8m
绿色防雨布

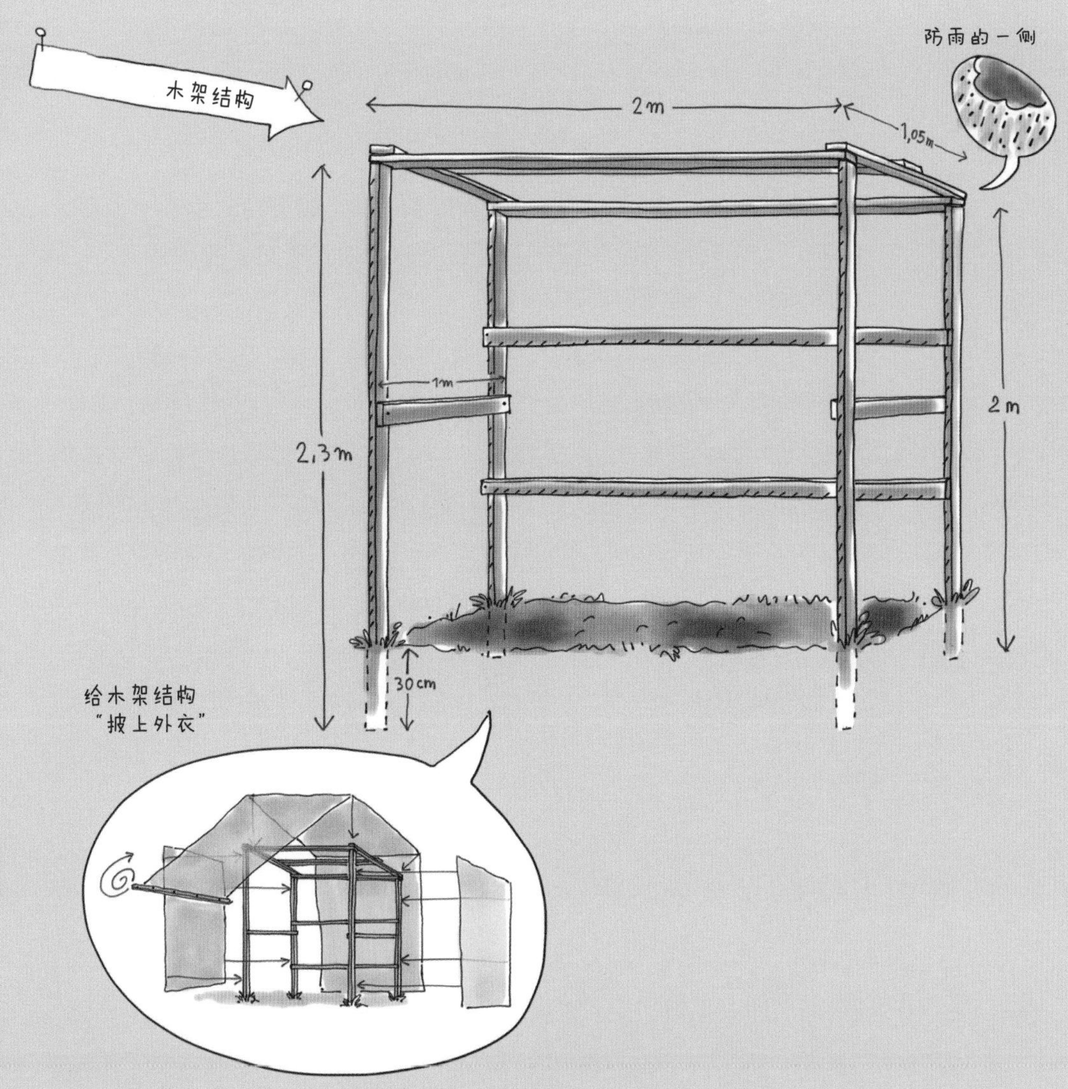
木架结构
2m
1,05m
防雨的一侧
1m
2,3m
2m
30cm
给木架结构
“披上外衣”

作物保护罩

时间

2 小时

难度

简单

材料

带有套筒的绝缘管，直径16mm，长度2m
塑料专用胶
防鸟网
不锈钢圆棒，直径6mm
植物夹
曲线锯
锤子
断线钳

- 首先，用断线钳将不锈钢圆棒截成50cm的小段。
- 将截好的不锈钢圆棒插在作物周围，每两根间距1m左右，用锤子轻敲入土中约25cm。
- 将一根绝缘管从正中间锯开，保留带有套筒的那一段，将它与另一根完整的绝缘管通过套筒相接，用胶固定。（见71页图）做好后的管长3m。
- 将绝缘管的一端套在不锈钢圆棒上，将管弯曲成拱形，将另一端套在相对的不锈钢圆棒上，拱形管架起的高度大约为1.5m。
- 制作一个保护罩至少需要互相交叉的两根拱形管。保护的作物越多，需要的管也就越多。
- 将防鸟网铺在做好的架子上，并用植物夹固定，这个步骤最好两个人一起完成。

防鸟网应延伸到地面，用石头压住，否则鸟类可以从网子下面钻进去偷吃作物。

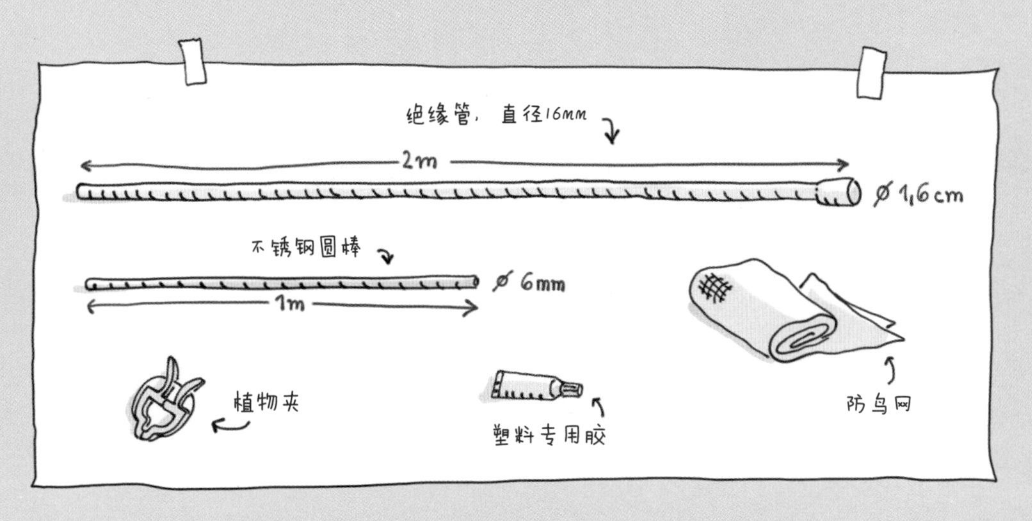
绝缘管，直径16mm
2m
ø 1,6cm
不锈钢圆棒
ø 6mm
1m
植物夹
塑料专用胶
防鸟网

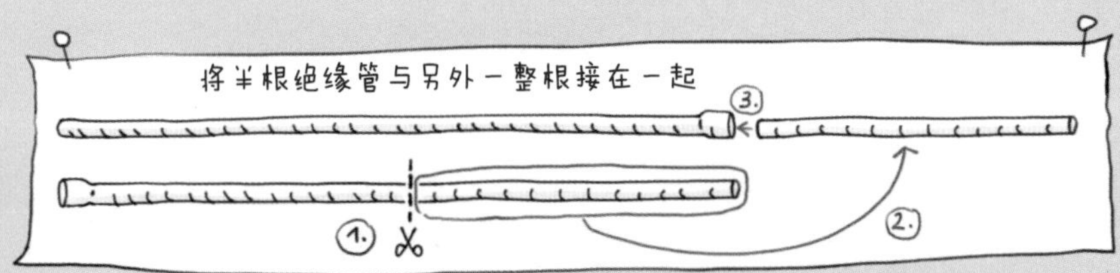
将半根绝缘管与另外一整根接在一起
3.
1.
2.

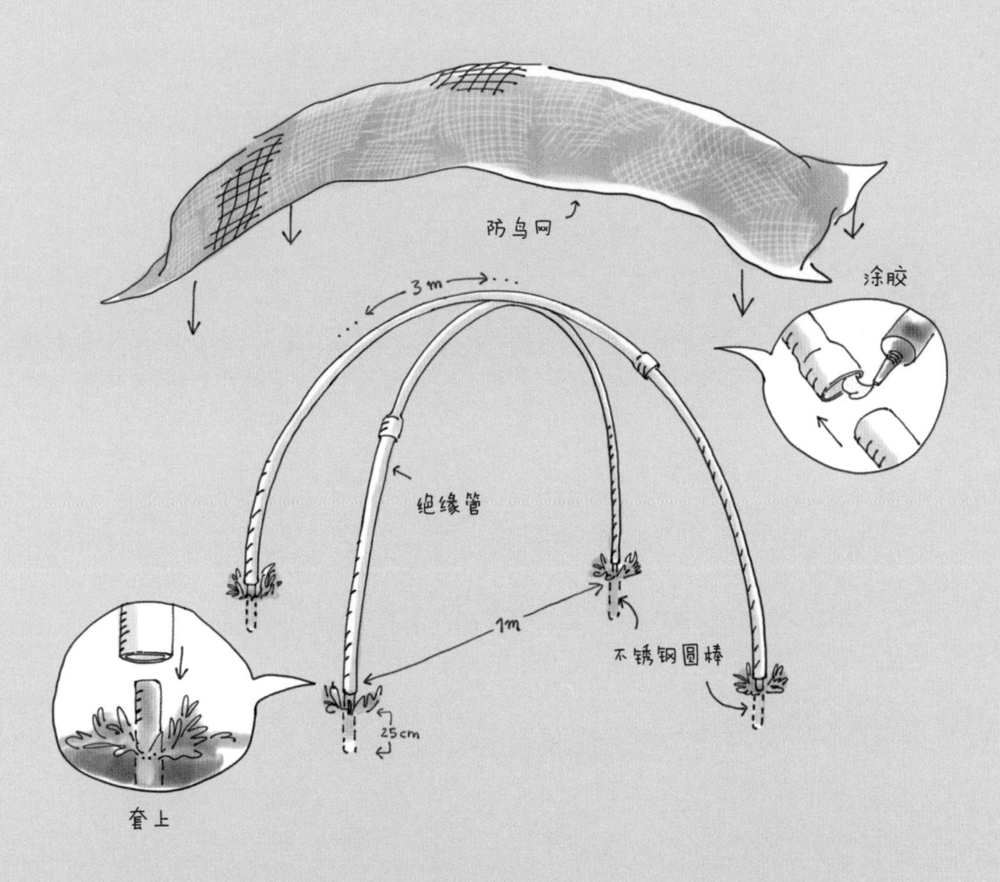
防鸟网
涂胶
3m
绝缘管
1m
不锈钢圆棒
25cm
套上

用柳条制作花圃围栏

时间

每米大约半小时

难度

中等

材料

柳条
榛树嫩枝，
直径 2cm ~ 2.5cm
扎丝
木锯
锤子
不锈钢自攻螺丝
3mm x 40mm

- 本方案中最主要的工作是找齐所有合适的材料。
- 将榛树嫩枝截成50cm的小段，每段的其中一头削尖，做成桩子。
- 将桩子尖头朝下插入或用锤子敲入土中30cm，每米长的围栏需要4根这样的桩子，间距30cm左右。
- 将柳条剪成统一、合适的长度，尽量选取粗细一致的柳条。
- 从底端开始，将柳条以前一后一前一后的方式穿过桩子，使用柳条时，一条从粗端开始，一条从细端开始，交替进行，保证柳条分布均匀。20cm高的围栏需要约10~12根柳条。
- 如果柳条的尾端处在两根桩子之间，需要多插入一根桩子，将尾端固定在这根桩子上。
- 在穿柳条的过程中，使用扎线将柳条和桩子的交叉点系紧，起到固定作用。
- 当柳条与桩子上端平齐时，用2cm粗，6cm长的榛树枝进行封顶。封顶用的榛树枝要提前钻好螺丝孔，安装在桩子的顶端，安装用的螺丝尺寸不要超过3mmx40mm。如果想更美观的话，可以给榛树枝再加一些装饰。

选用的柳条要尽可能鲜嫩，便于弯折，而榛树枝要先进行干燥处理，会更好加工。

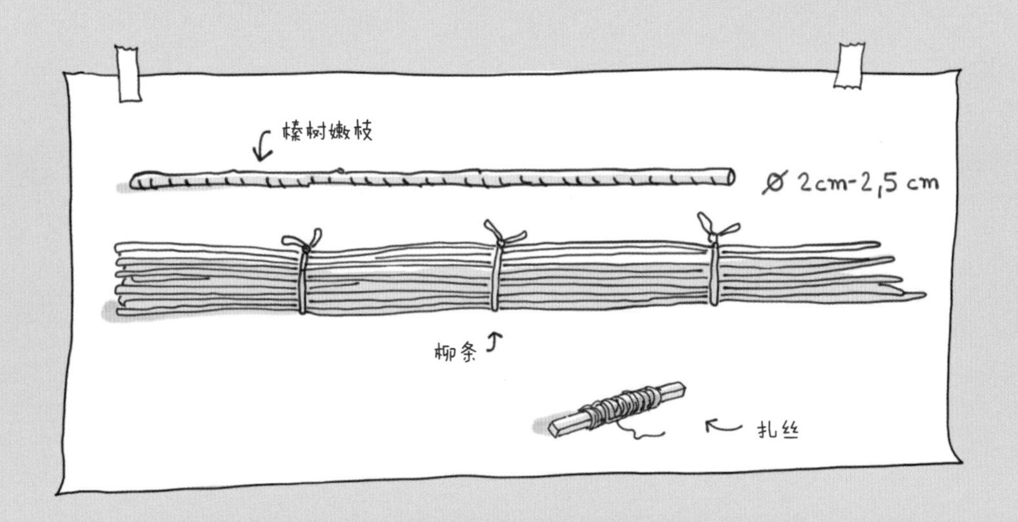
榛树嫩枝
Ø 2cm-2,5 cm
柳条
扎丝

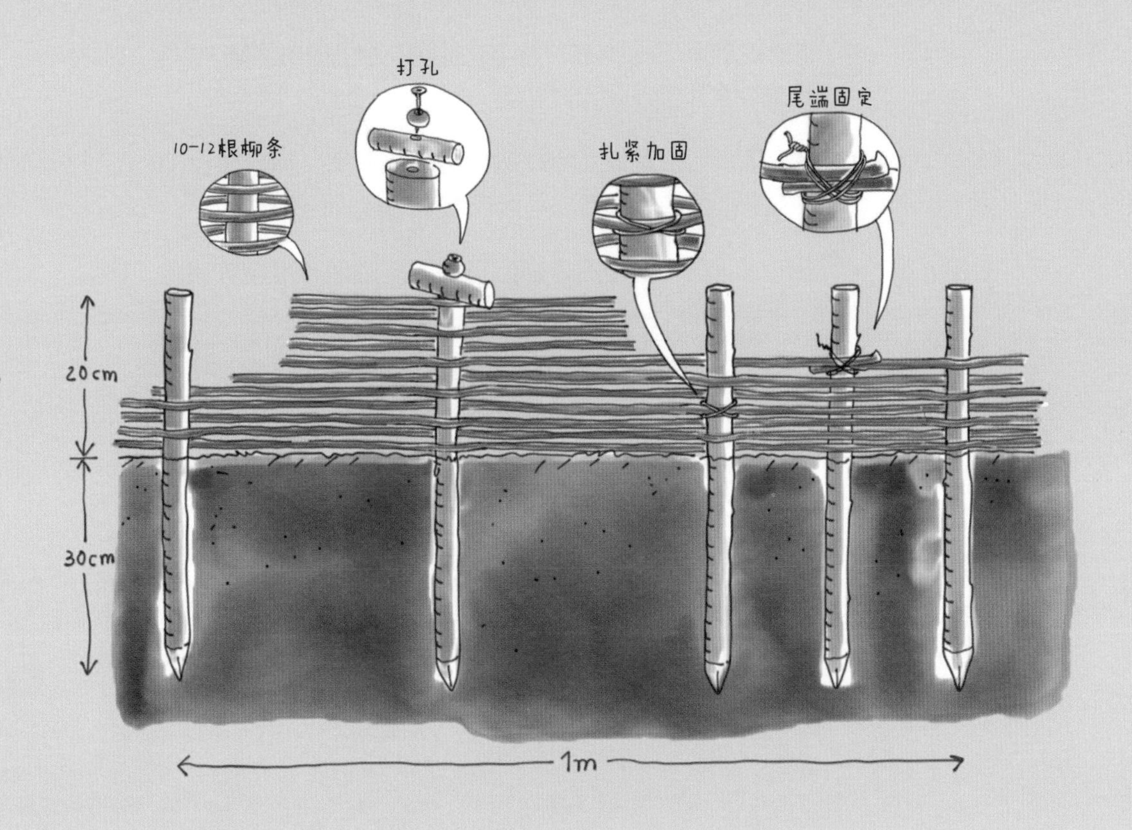
打孔
尾端固定
10-12根柳条
扎紧加固
20cm
30cm
1m

水管固定桩

时间

半小时

难度

非常简单

材料

竹竿，直径 3.4cm
碎石
扫帚柄，长1.4m
红酒塞，直径3.8cm

工具

钢锯
锤子

- 在给植物浇水时，为了避免水管影响美观或破坏植物，可以将水管绕过周围的几个固定桩，看起来整洁利落。要制作这样的固定桩，首先将竹竿锯成40cm的小段，每个固定桩用这样的一段。
- 在每个需要安装固定桩的地方挖出一个大约35cm深，正方体的坑来。
- 填入大约10cm深的碎石，并将锯好的竹竿小段竖直插入，使竹竿上端高出地面约3cm~5cm。
- 继续往坑里填满碎石，并用之前挖出的土将坑重新铺平，固定桩的地基部分就完成了。
- 将扫帚柄切成两段，每个固定桩使用一段，将其竖直插入竹竿的空心里，如果喜欢的话还可以对其进行装饰。
- 扫帚柄只在浇水前后作标记杆使用，过后可以将其移走，用红酒塞堵住竹竿即可。

想要更坚固耐用的固定桩，可以用金属管来代替竹竿。但金属在切割时会麻烦一些。

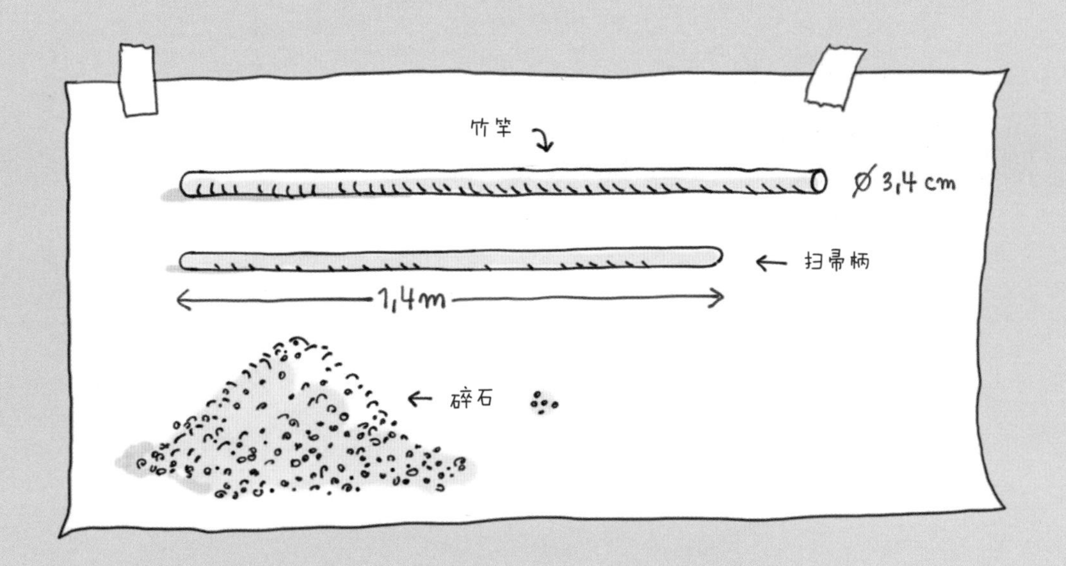
竹竿
Ø3,4 cm
扫帚柄
1,4m
碎石

竹竿
3cm-5cm
土地
碎石
35cm
10cm

盆栽底架

时间
2 小时

难度
简单

- 为盆栽架选择一个合适的、有充足日照的地方，并将土地整平。如果是在草坪上的话，需要将底架大小的草皮铲掉。
- 将鹅卵石铺在平整好的土地上，用铲子和耙子铺平。
- 将栈板放在鹅卵石层上，用柳枝围栏将它围起来，用几个U型卡箍将围栏和底座固定。
- 盆栽底架很简单就做好了，但让它成为吸引眼球的一景还需要花些心思。架子上可以摆一些具有异国风情的花，如：杜鹃、橄榄、柠檬、无花果等。如果是摆放蔬菜或是草本植物的话，可以夹杂一些夏季花卉，并摆放一些花园小装饰品。发挥您的想象，让它变得更美！

材料

1 个欧式栈板
柳枝围栏（类似72页方案中的围栏）
16mm~32mm鹅卵石，大约120kg

工具

U型卡箍
钳子

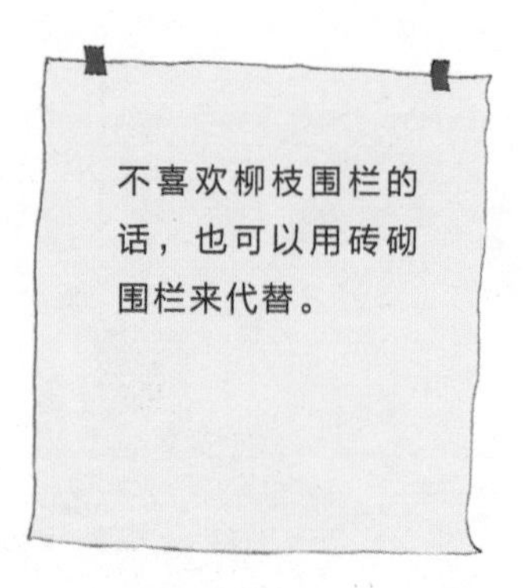

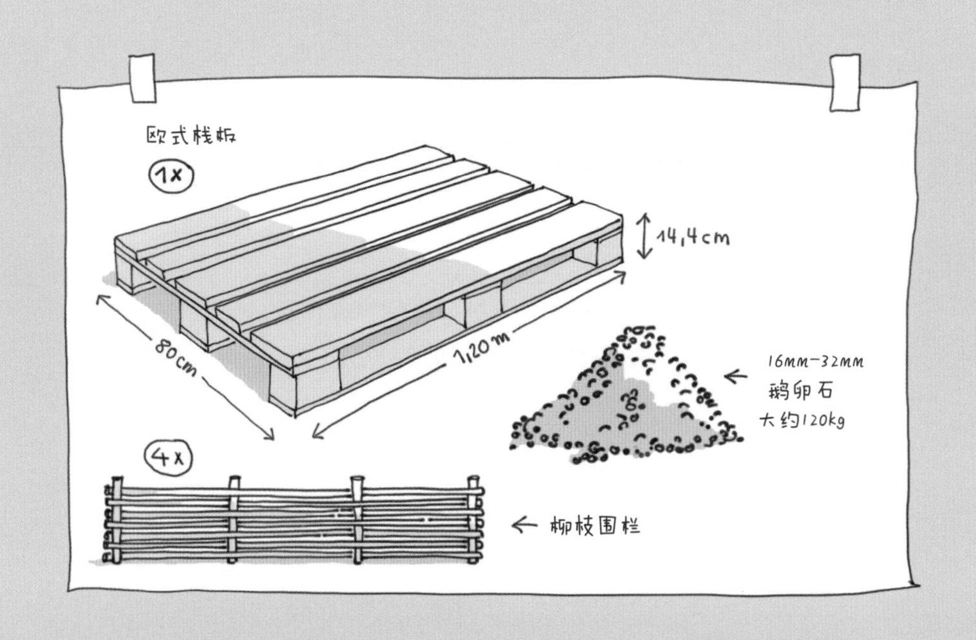
欧式栈板
1x
14,4cm
80cm
1,20m
16mm-32mm
鹅卵石
大约120kg
4x
柳枝围栏

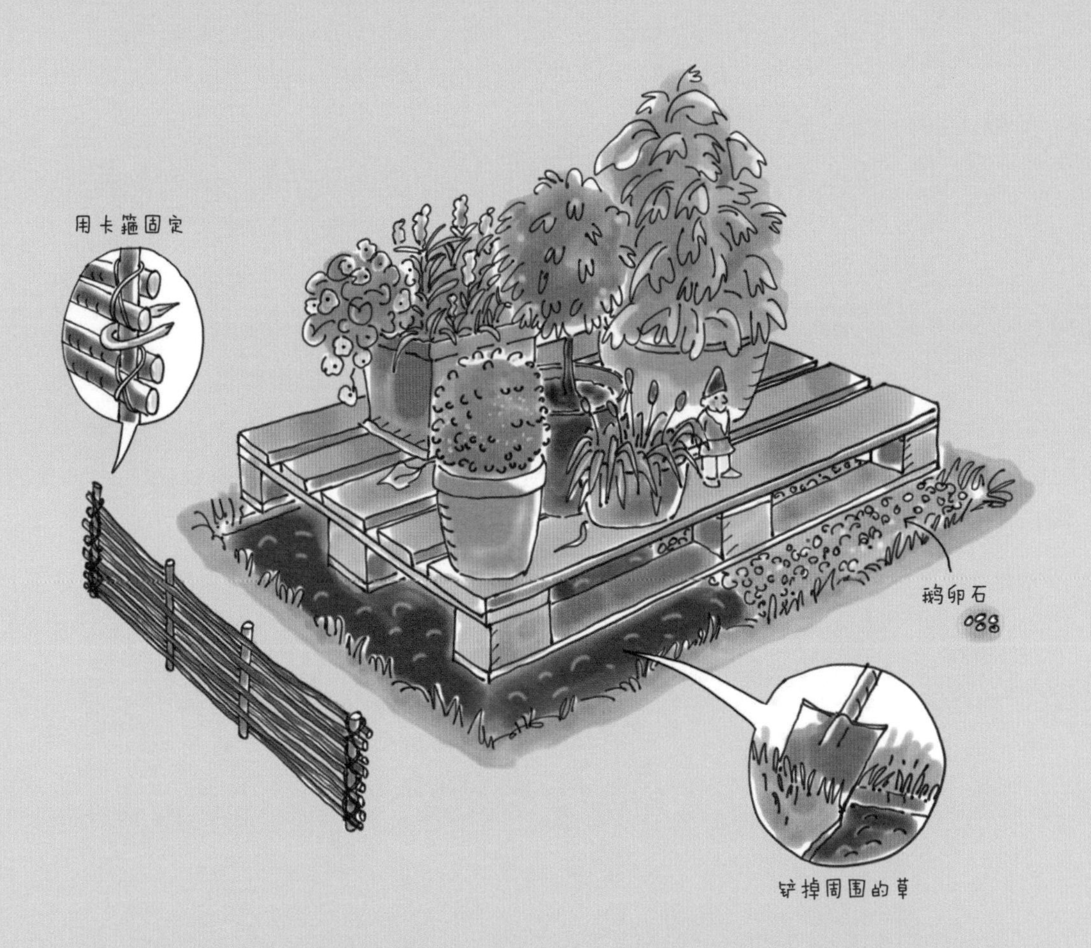
用卡箍固定
鹅卵石
铲掉周围的草

用栈板制作的草本植物墙

时间
2 小时

难度
简单

> 除了给植物墙安装两个“脚”以外，还可以用两根1m长的木桩来固定。木桩插进土里约30cm，与植物墙的两侧钉在一起。

- 首先将栈板平放在地上用撬棍拆掉多余的木板，只保留与支撑底板相对应的3块板，也就是说栈板的上面和下面各有3块相对的板。
- 在上面的3块板中间上各钉上1块12cm x 100cm的刨花板，钉之前先用黑板漆给刨花板上色。
- 等漆干后，将栈板立起来，长侧边着地。用螺旋夹钳将第一块1.2m长的粗锯板固定在栈板底面最下方的3个脚上面。
- 用钉子将粗锯板和3个脚钉紧，就形成了两个可以种植物的格子。在中层和上层3个脚的地方各安装一块粗锯板，就有了6个格子。
- 两条方木将作为植物墙的两个脚。从方木的两头向中间各量出20cm，在中间部分打两个5mm，穿透木条的螺丝孔。用自攻螺丝将两条方木安装在植物墙两侧最上方的脚上。
- 现在的植物墙是倒立放置的，将它调转过来，两个脚放在地上。在格子中装上土，就可以种自己喜欢的植物了，喜阴的种在下面，喜阳的种在上面。
- 之前用黑板漆上色的3块刨花板上，可以用粉笔写字或画上花边，进行装饰。

材料

1块木质栈板
3块刨花板（云杉） 1.5cm x 12cm x 100cm
3粗锯板（未经抛光） 14.5cm x 120cm
2条方木 (云杉) 4cm x 10cm x 55cm
螺纹钉 70mm
4颗自攻螺丝 6mm x 100mm

工具

5mm钻头
撬棍
钳子
黑板漆和粉笔
2个螺旋夹钳

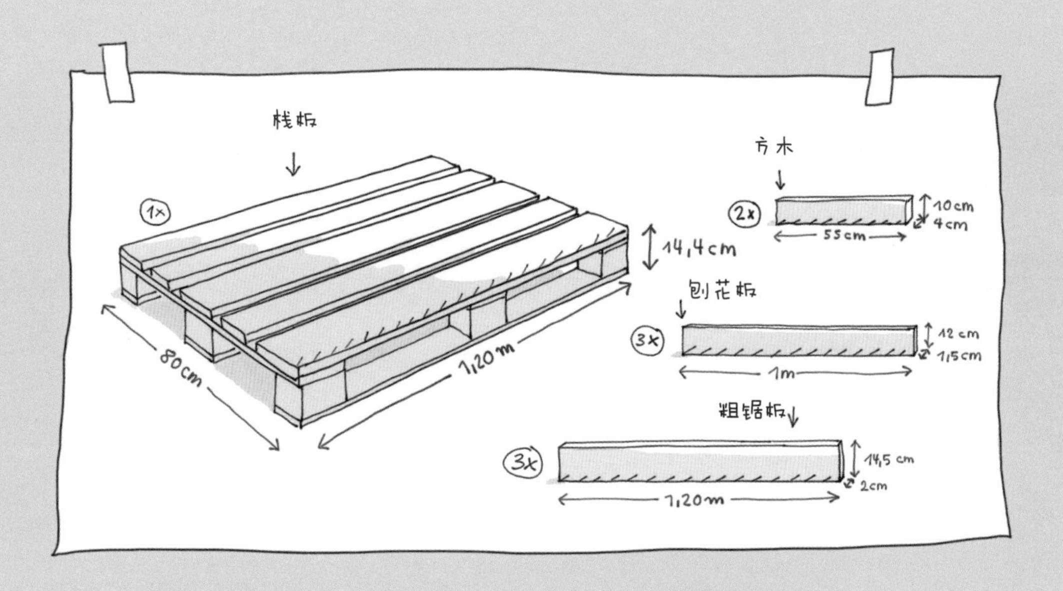
栈板
1x
14,4cm
80cm
1,20m
方木
2x
10cm
4cm
55cm
刨花板
3x
12cm
1,5cm
1m
粗锯板
3x
14,5cm
2cm
1,20m

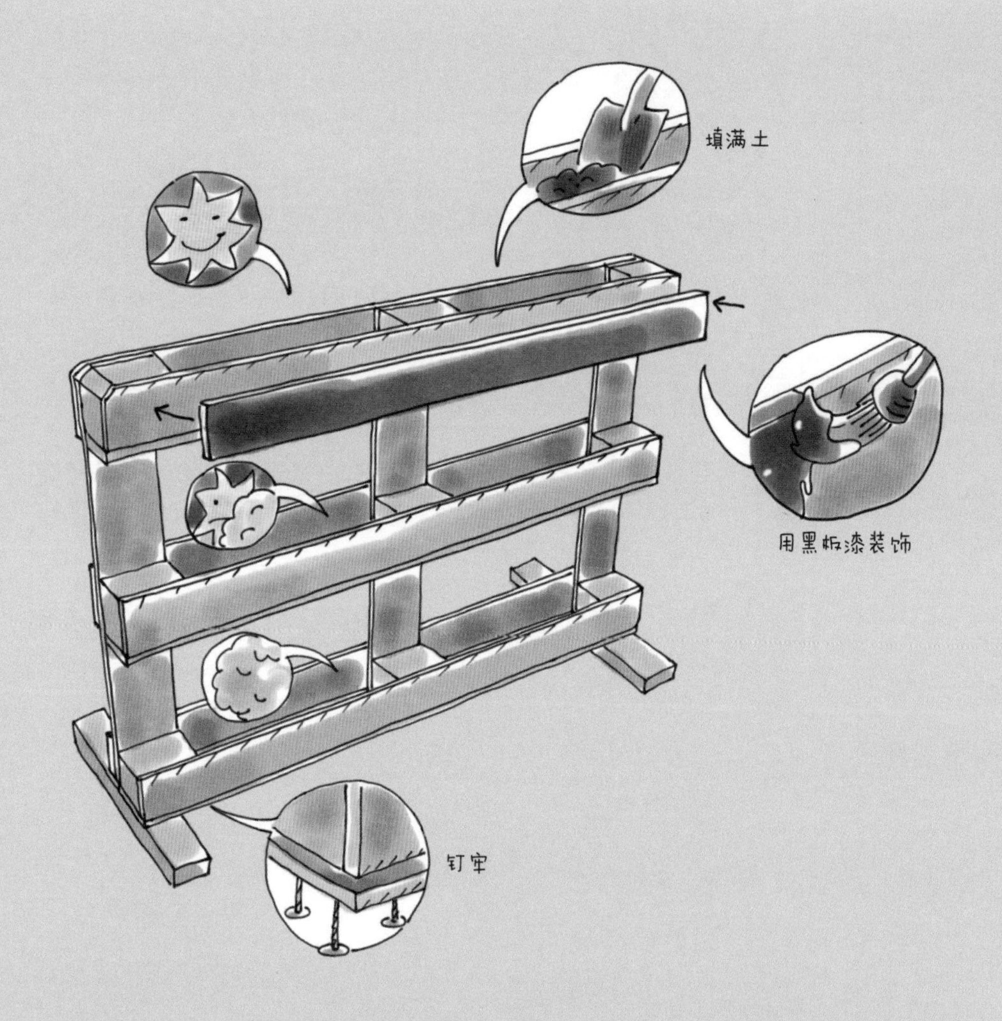
填满土
用黑板漆装饰
钉牢

用天然石材堆砌螺旋形花坛

时间
2 天

难度
中等

螺旋花坛的尾端可以做成一个迷你池塘，这个区域就用来种植非常喜湿的植物。

- 材料的搜集并不容易，不过还是要尽量选用本地的天然石材。
- 选择一个日照充足的地方，要造一个80cm高的花坛，大约要占用直径3m的圆形地块，将土地尽量整平。
- 用木棍和泥工线将设计好的类似蜗牛壳的螺旋形状标记出来。螺旋的尾端应朝向南方。
- 在标记好的地面挖出一铲子深的土，并填上10cm~15cm厚的砾石。这些砾石作为地基，能够起到排水作用。
- 继续铺砾石，螺旋的中心处应铺到50cm高左右，四周逐渐变矮。
- 将石材一层一层地砌起来，越往螺旋中心，砖砌得越高，中心处应高出地基80cm。
- 石材的间隙用挖出的土和黏土的混合物填充。
- 石材砌好后，在螺旋形的沟中填上土壤。不要只用院中挖出的土，而是要根据植物的需要掺入沙子、黏土、肥料等，可以根据不同植物的习性分出不同的土壤区域。
- 不要着急种上植物，等上大约4周，填好的土壤固定后再播种。

材料

天然石块，立方体，大小不一
砾石 16mm~32mm

工具

抹刀
泥工线
标记用的木棍

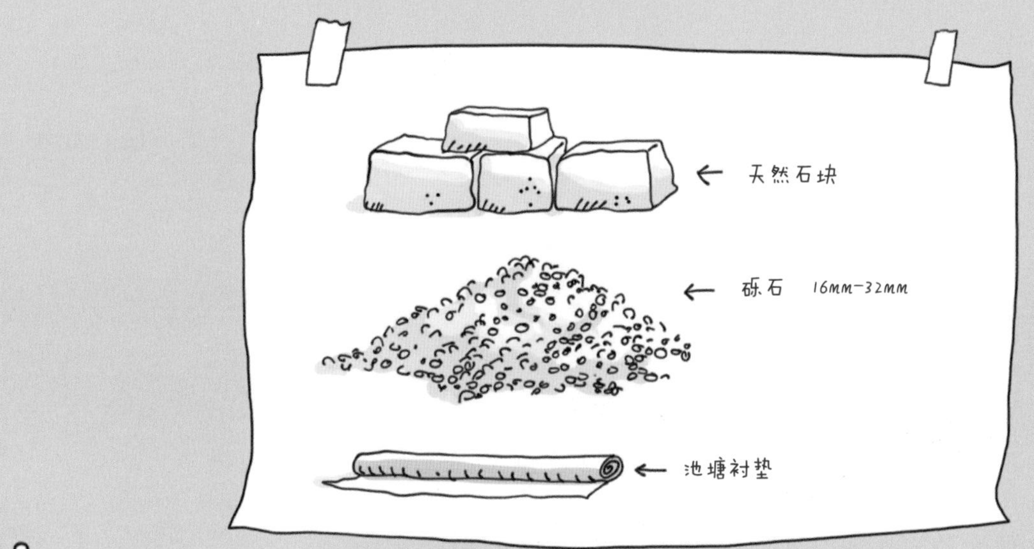
天然石块
砾石 16mm-32mm
池塘衬垫

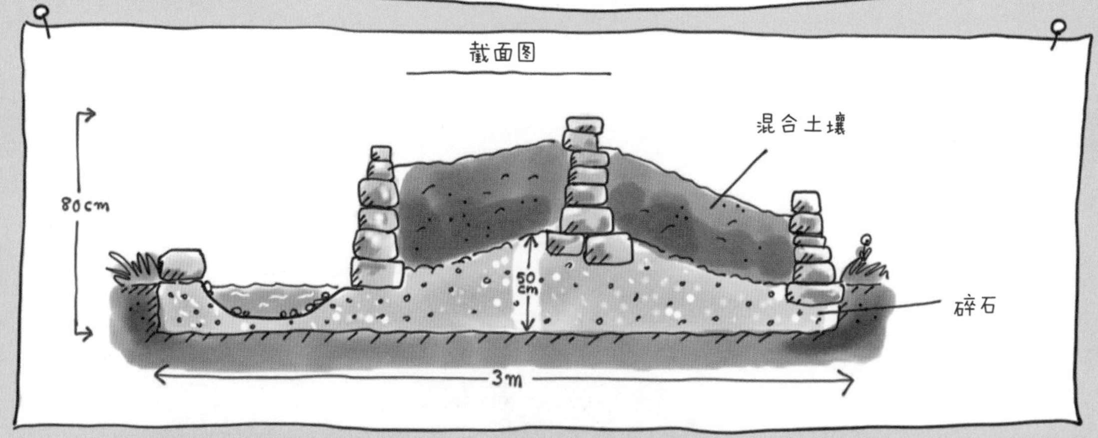
截面图
混合土壤
80cm
50cm
碎石
3m

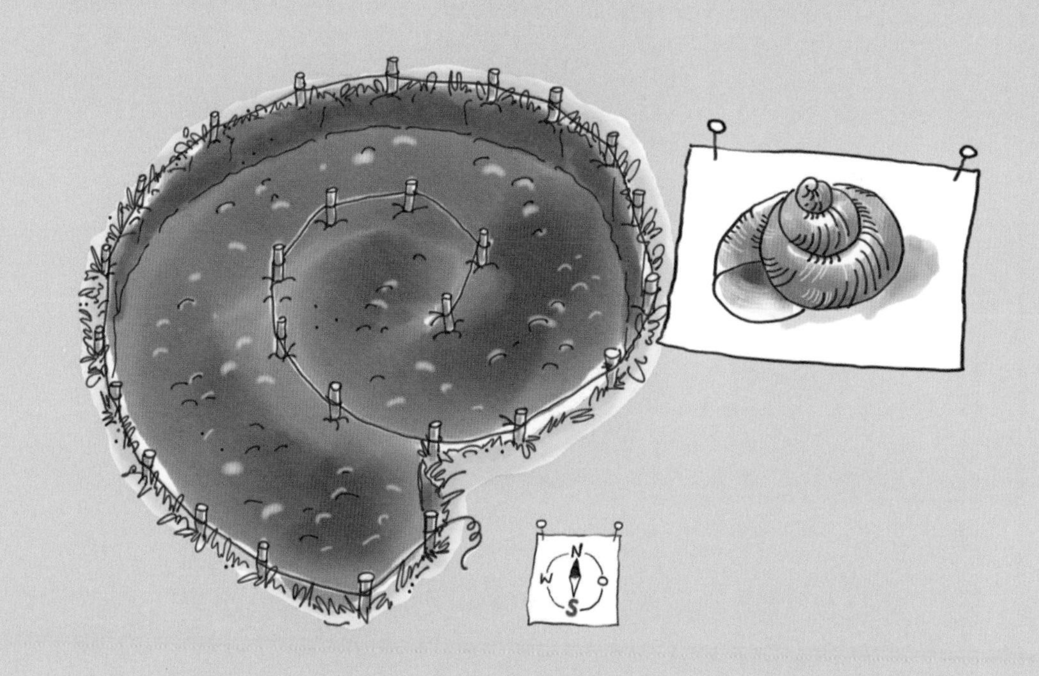
N
W
S

螺旋形种植

③
腐殖质土壤
薄荷
香菜
香葱
蜜蜂花
莳萝

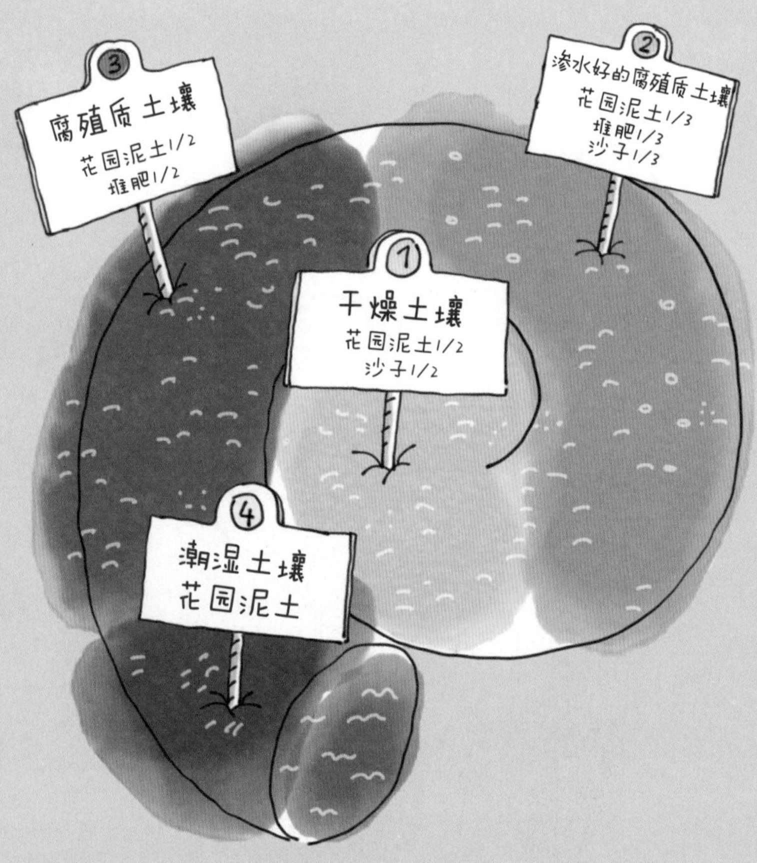
③
腐殖质土壤
花园泥土1/2
堆肥1/2
②
渗水好的腐殖质土壤
花园泥土1/3
堆肥1/3
沙子1/3
①
干燥土壤
花园泥土1/2
沙子1/2
④
潮湿土壤
花园泥土

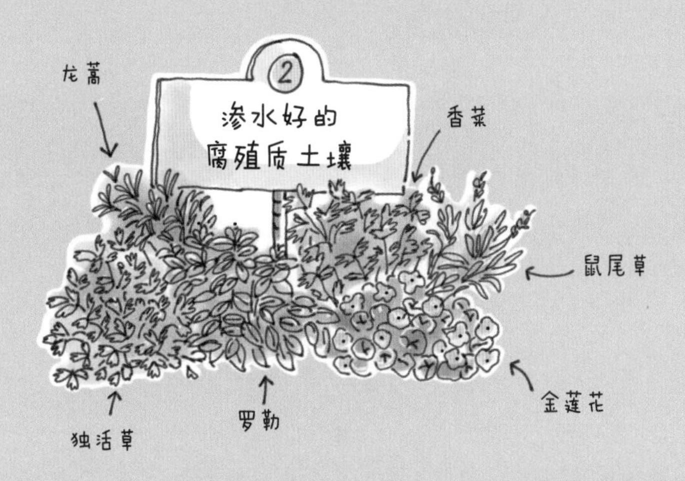
②
渗水好的
腐殖质土壤
龙蒿
香菜
鼠尾草
金莲花
罗勒
独活草

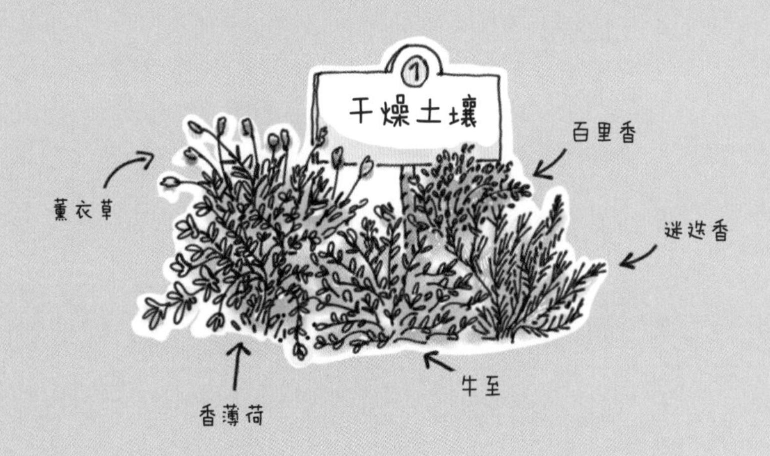
①
干燥土壤
百里香
薰衣草
迷迭香
牛至
香薄荷

④
潮湿土壤
琉璃苣
水田芥
水芹

木制花箱

时间
2 天

难度
中等

- 花箱的位置应选择日照充足、地面平坦的地方。在选好的位置挖一个15cm深的地基，长和宽要比花箱的尺寸各多出10cm。挖好的坑用砾石填满。
- 在4个角上各放一块30cmx30cm的水泥板，花箱放在上面站得更稳。
- 现在开始制作花箱。首先将4块250cm长的木板平行排列，放在支架上。
- 从这些木板的左右两端各向里量出4cm，并沿这条线放置一根方木，方木上下两头用夹钳固定。留出这4cm空间是为了和花箱两个较短的面（由四块125cm的木板拼成）安装在一起。
- 方木与每块木板需要用两颗螺丝连接，所以每根方木上要标记出8个螺丝孔，用10mm钻头打穿。
- 安装螺栓，并拧上垫圈和螺母。
- 从安装好的两根方木各往中间量出73cm，用夹钳各固定一根方木。
- 和之前的两根方木一样，标记并打好8个螺丝孔。

材料

8块木板， 4cm x 20cm x 250cm
8块木板， 4cm x 20cm x 125cm
8根方木， 5.8cm x 5.8cm x 80cm
4块水泥板， 30cm x 30cm
96颗紧固螺栓，8mmx140mm
96颗螺母
96个垫圈，直径 30mm
大约0.6m³的砾石
铁丝网

工具

10mm钻头
4个螺旋夹钳
2个木工支架
钢锯

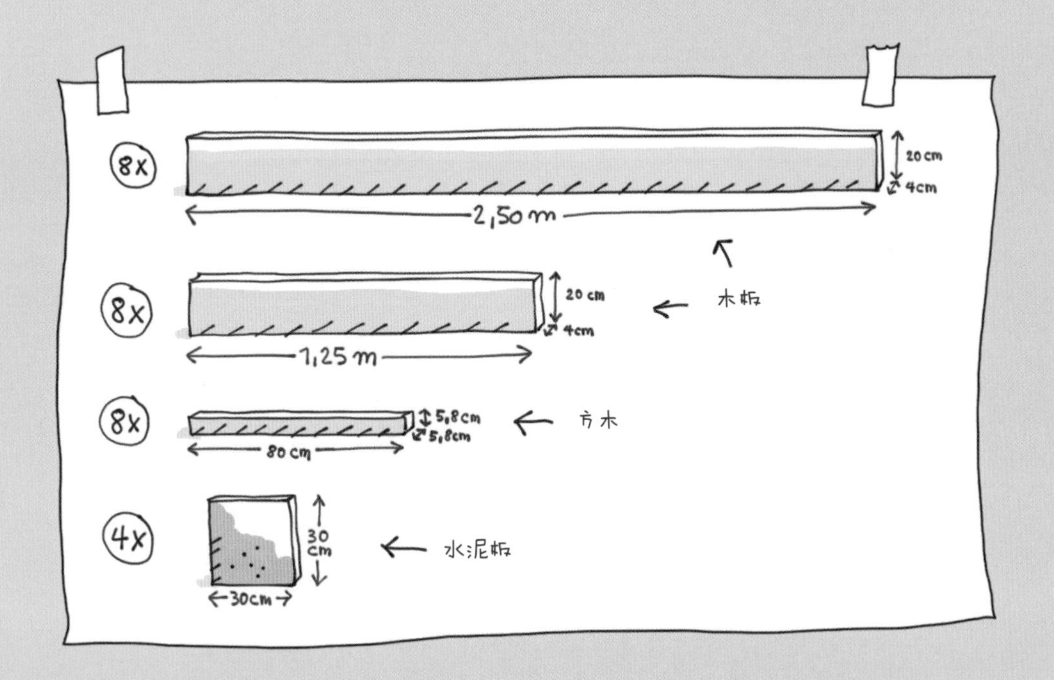
8x
20 cm
4cm
2,50 m
8x
20 cm
4cm
1,25 m
木板
8x
5,8cm
5,8cm
80 cm
方木
4x
30 cm
30cm
水泥板

放置方法

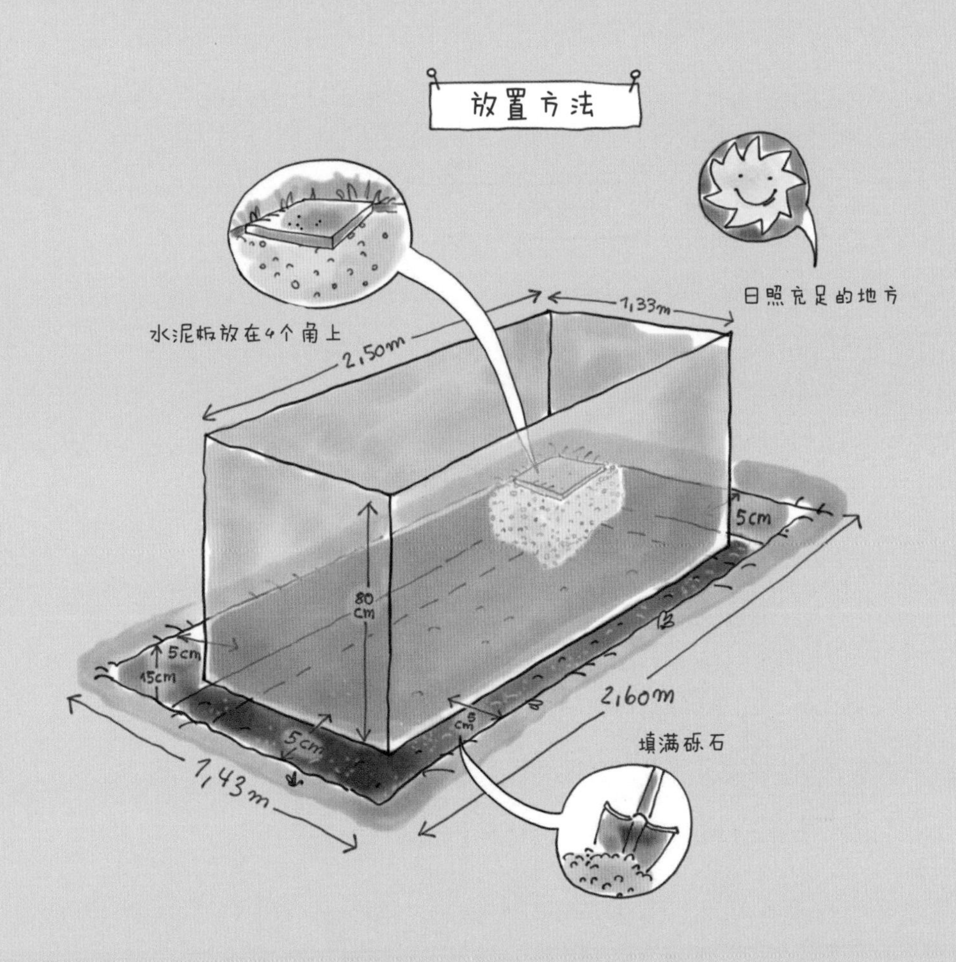
水泥板放在4个角上
1,33m
日照充足的地方
2,50m
5cm
80 cm
5cm
15cm
5cm
5 cm
2,60m
1,43m
填满砾石

- 同样安装螺栓，并拧上垫圈和螺母，花箱的一个长面就做成了。
- 用同样的方法做好另一个长面，并用两个短面连接。短面安装在长面的方木上，同样是每块木板上装两颗螺栓 。注意打孔时不要与之前的螺丝孔冲突，要尽量错开。
- 如果螺栓比较长，超出的部分比较多，建议将其锯掉，避免碰伤。
- 花箱的基本结构都组装好了，用水平仪检查是否能垂直站立。
- 在花箱底部安装铁丝网，保护其不受老鼠侵害。
- 最后，填充花箱并种上植物。填充物见下图，植物可以根据自己喜好选择。

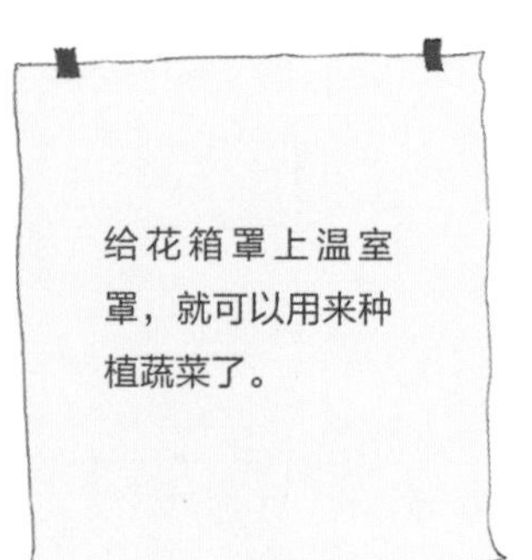

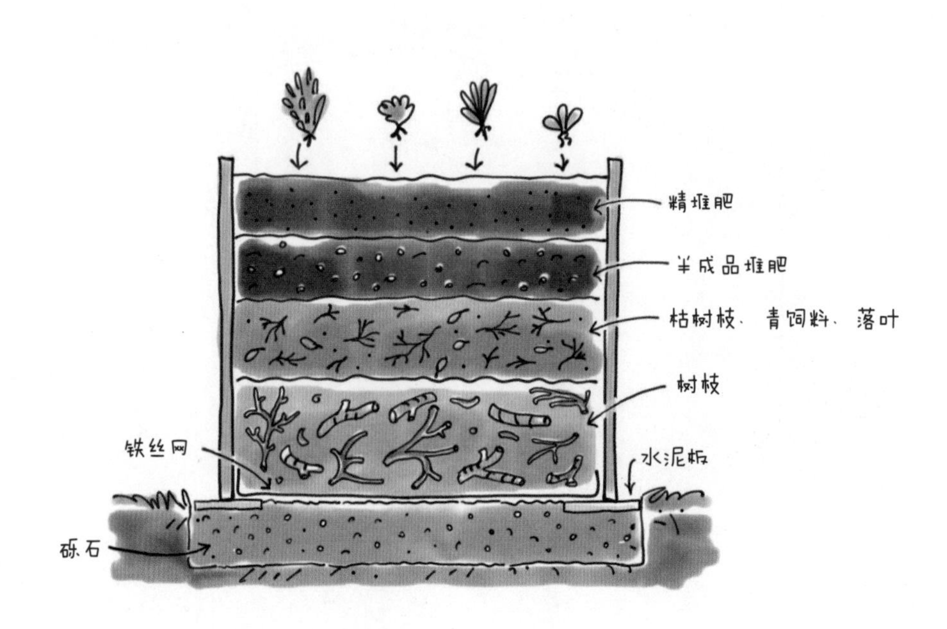

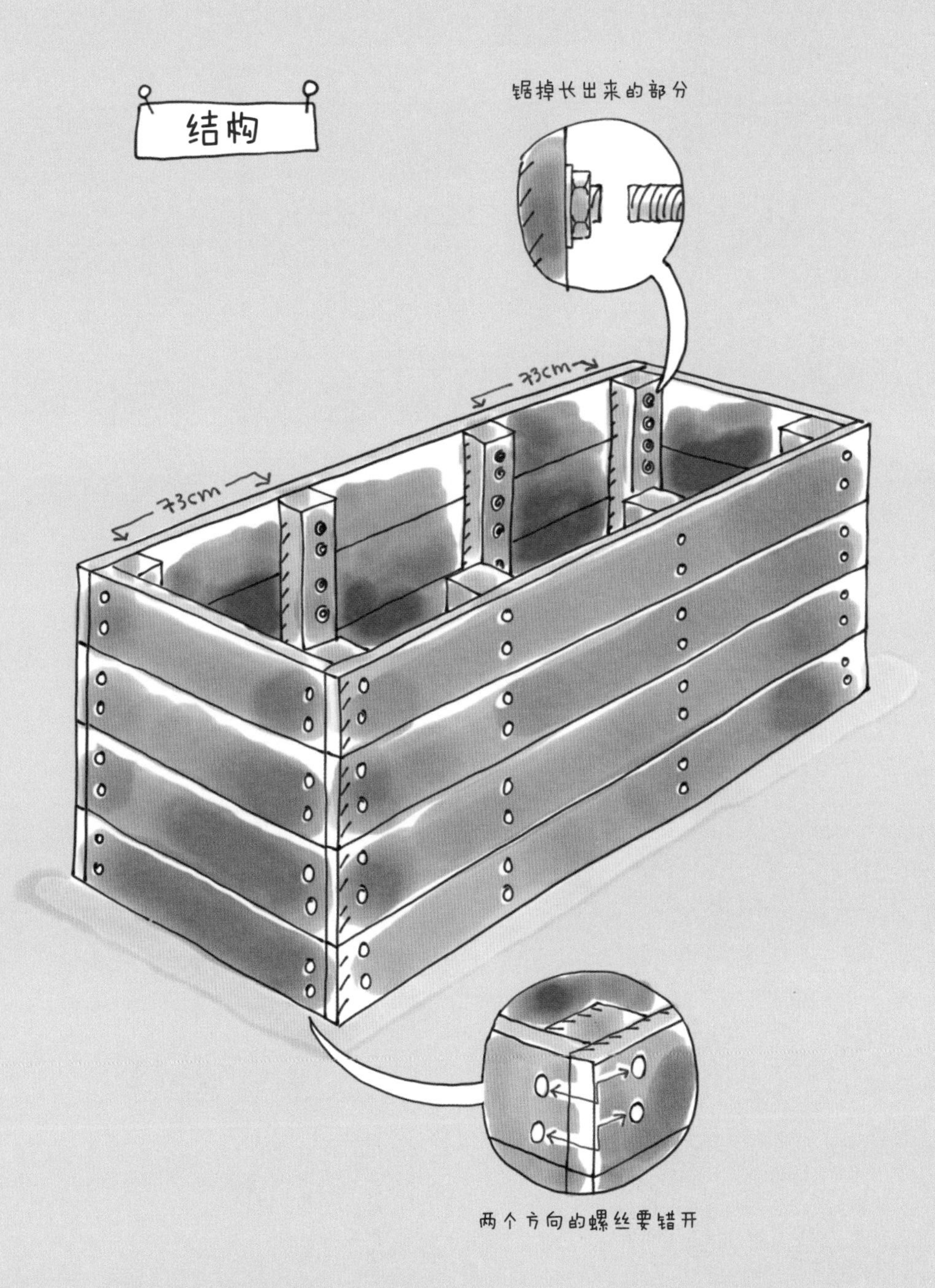
结构
锯掉长出来的部分
73cm
73cm
两个方向的螺丝要错开

积肥器

时间

2 小时

难度

简单

材料

4块同样大小的木制栈板
8根带尖头的木桩

工具

铲子、镐
锤子

- 选择一个尽可能避开日照的地点，铲出1.2m x 1.5m x 10cm的长方形浅坑来。
- 将第一块栈板立起来，底面朝外放在浅坑的边缘，用两根木桩穿过栈板的孔，插进土里固定。
- 确保栈板垂直于地面，用水平仪检查并调整。
- 在第一块栈板的对边处放置第二块栈板，用同样的方式固定。两块栈板的间距应正好是一块栈板的长度。
- 后两块栈板组成长方形的另外一组对边，夹在前两块栈板之间，用木桩固定。
- 为了使积肥器更牢靠，可以用螺丝在栈板和木桩之间加固。

在选购栈板时，最好选择欧洲产的，美国产的栈板可能会使用杀虫剂等。

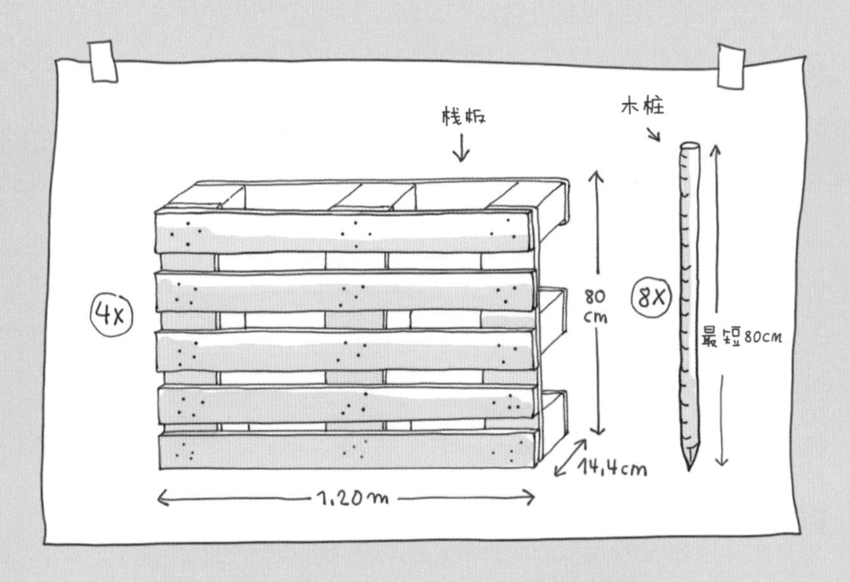
栈板
木桩
4X
80 cm
8X
最短80cm
14,4cm
1,20m

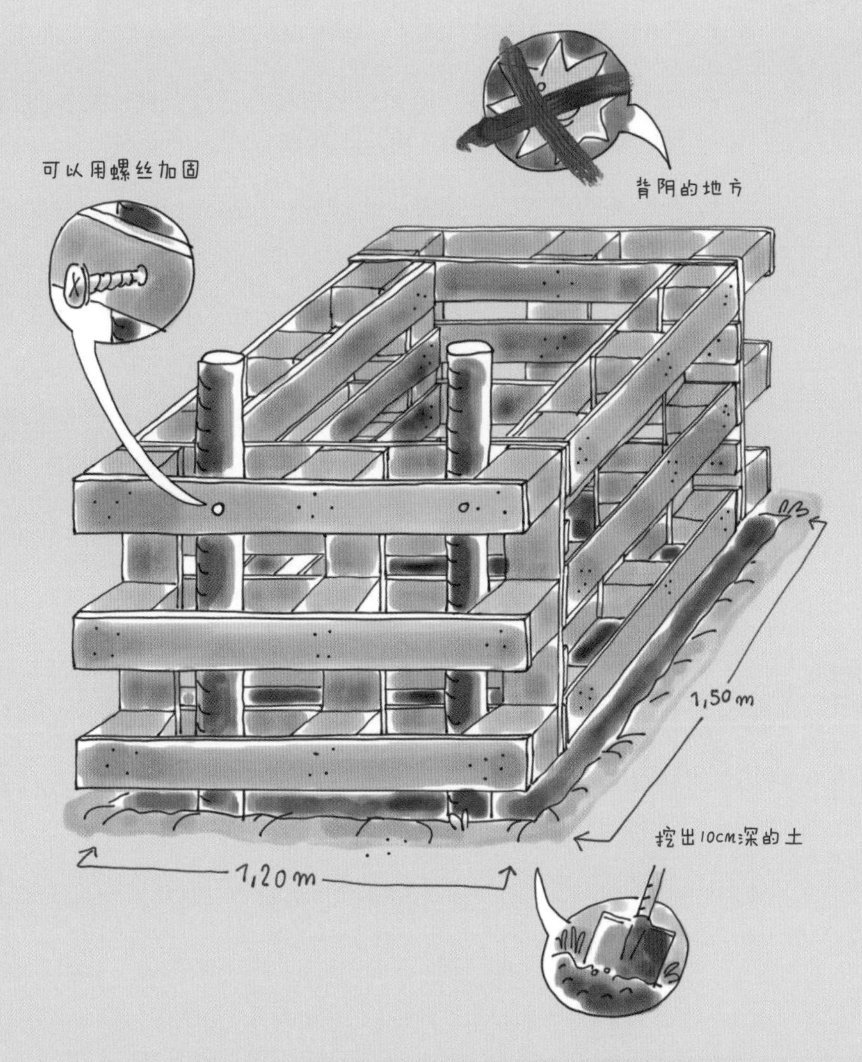
可以用螺丝加固
背阴的地方
1,50m
挖出10cm深的土
1,20m

雨水收集器

时间
3 小时

难度
简单

龙头、软管、盖子等可以从网上买到，经过自己的设计和改装，可以让雨水收集器更加实用。

- 首先选择雨水收集器的放置地点，应尽量避免日晒，且紧靠房屋的排水管。
- 将放置点的地面整平，挖一层15cm~20cm深的土，填入鹅卵石，压平。
- 将4块空心砖放在4个角上，对应IBC吨桶的四个脚。
- 将IBC吨桶放在空心砖上，用水平仪检查桶是否水平放置。
- 用水管、弯头和各种连接件将水桶与房屋的排水管相连。使用的管材长度取决于二者间的距离。
- 在原本的出水口处加装一个球阀，在偶尔维修雨水收集器时能发挥作用。
- 在水龙头下方的地面上放置一块30cm x 30cm大的水泥板，用容器接水时可以放在上面。
- 如果想放置两个IBC吨桶的话，可以用开孔铣刀在桶侧壁的上部开一个70mm的孔，装上橡胶圈，用软管相连。

材料

1 个IBC吨桶
4 块空心砖
1 块水泥板， 30cm x 30cm
鹅卵石
耐高温水管和弯头，直径10cm
1 个球阀

工具

铲子、耙子
抹刀
橡胶锤

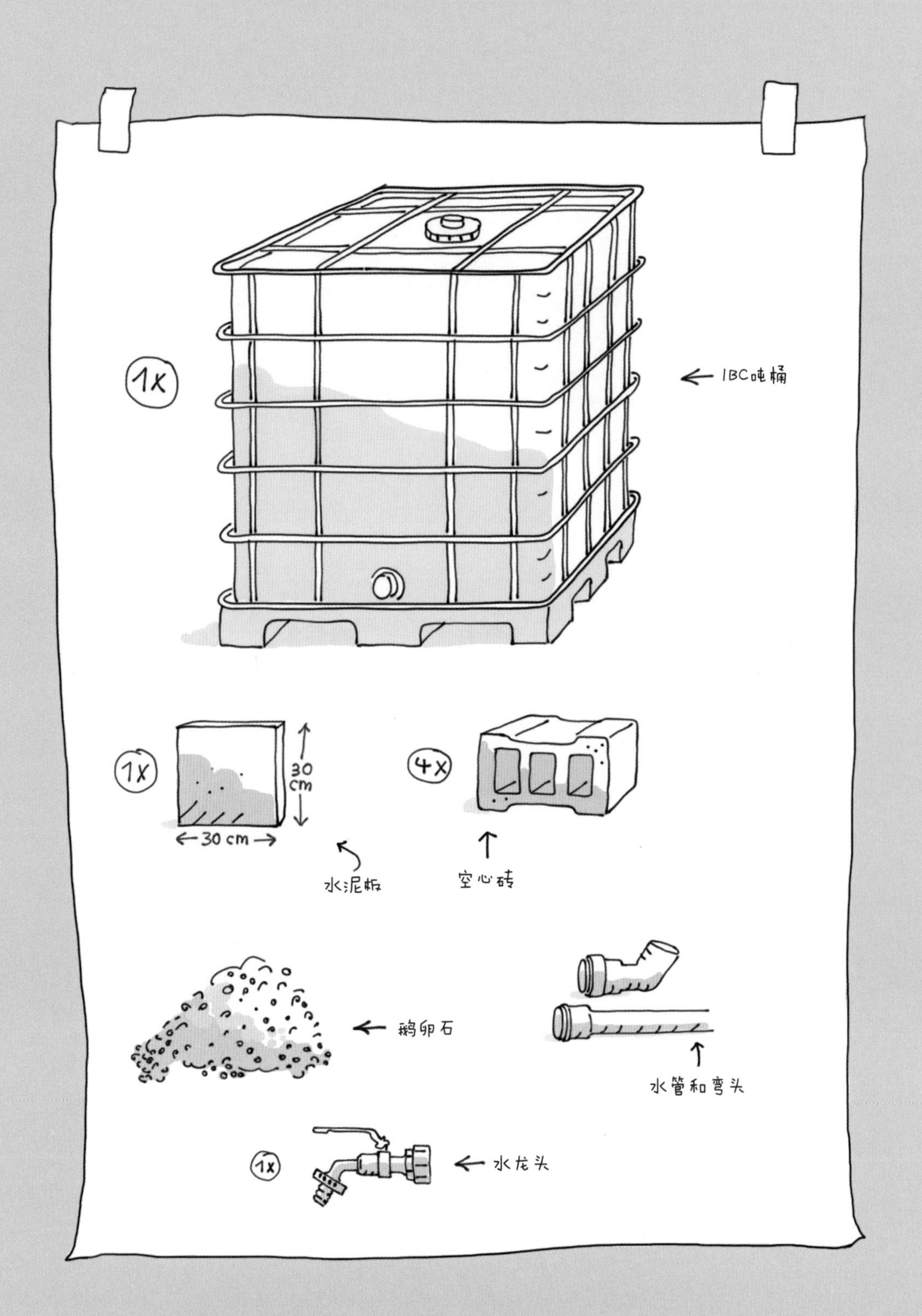
1X
IBC吨桶
1X
30 cm
30 cm
水泥板
4X
空心砖
鹅卵石
水管和弯头
1X
水龙头

放置地点
阴凉处
紧挨房屋
排水管

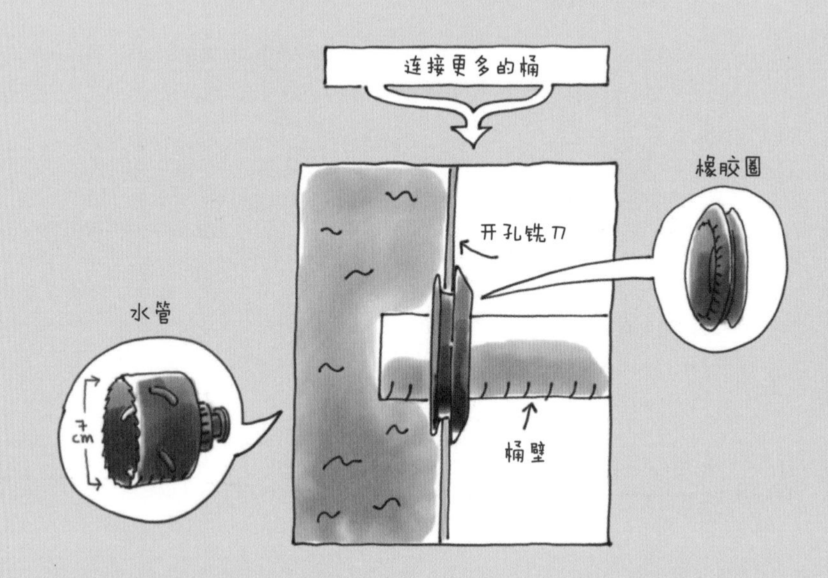
连接更多的桶
橡胶圈
开孔铣刀
水管
7cm
桶壁

截面图

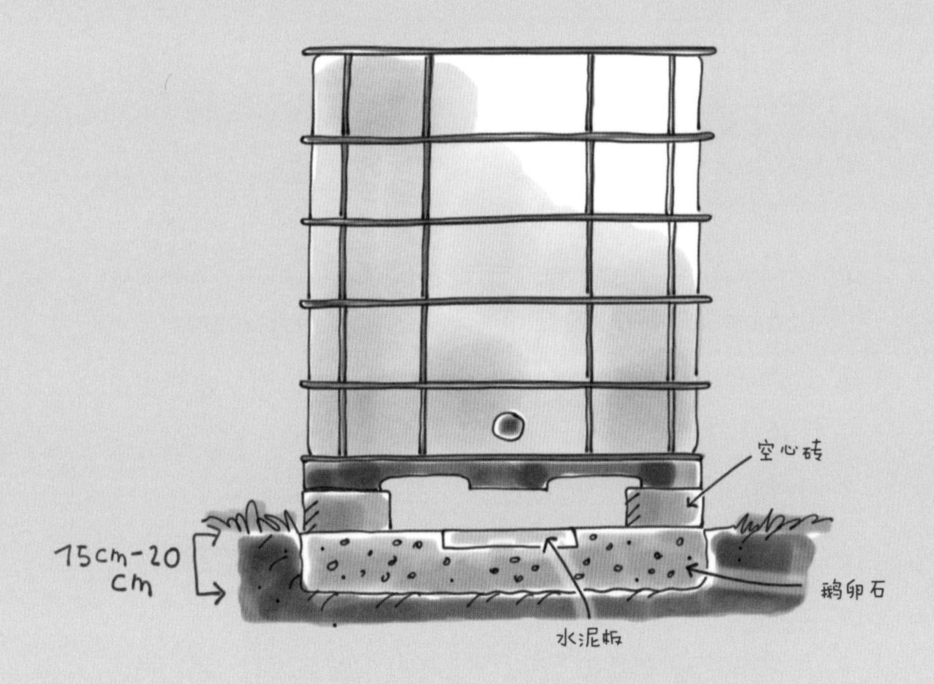
空心砖
15cm-20
cm
鹅卵石
水泥板

盆栽工作台

时间

1 天

难度

中等

材料

如下尺寸的方木

2根

7.8 cm x 7.8 cm x 120 cm

4根

7.8 cm x 7.8 cm x 90 cm

4根

7.8 cm x 7.8 cm x 65 cm

1根

7.8cmx7.8cmx104.4cm

8根

7.8cmx7.8cmx40cm，两端斜切成45°

1块上好色的胶合板

1.8cm x 90cm x 130cm

1块云杉木板

1.8cm x 20cm x 130cm

2块云杉木板

20cm x 60cm

40颗自攻螺丝

6mm x 100mm

4 颗自攻螺丝

6mm x 80mm

12 块水泥板

30cm x 30cm

工具

切割锯

木工支架

直角尺

3mm钻头

6mm沉头钻

- 将工作台放置点的土地整平，铺上12块水泥板，并用水平仪检查。如果地面是倾斜的话，工作台上的东西就不容易放稳。
- 将方木锯成所需尺寸，根据需求选择切割锯、曲线锯或手板锯。
- 借助直角尺和铅笔标记所有螺丝孔的位置，开孔处都应在木条的中央。用3mm钻头开孔，6mm沉头钻加工成沉头孔。
- 现在开始组装工作台的支架部分。将两根120cm的木条分别安装在两根90cm木条的顶部，这四根90cm木条为桌腿。
- 做好的两个U型桌腿间用两根65cm的木条相连。另外两根65cm木条安装在相对的两根桌腿之间，距地面20cm。
- 在同样距离地面20cm的高度，桌子后面的两条腿间安装104.4cm的木条。
- 桌子的前面保持敞开。
- 将8个40cm长，两端呈45°角的木条装在支架顶部的四个角上，作为支撑条，起到加固作用。
- 用4颗较短的螺丝由下自上将支架和桌面安装到一起。最好将桌面翻过来放在木工支架上用夹钳固定好，把桌腿安装好后再翻转下来。
- 最后在桌面的后沿和两个侧沿安装20cm高的围板。在安装这3块板时小心不要与之前拧好的螺丝冲突。

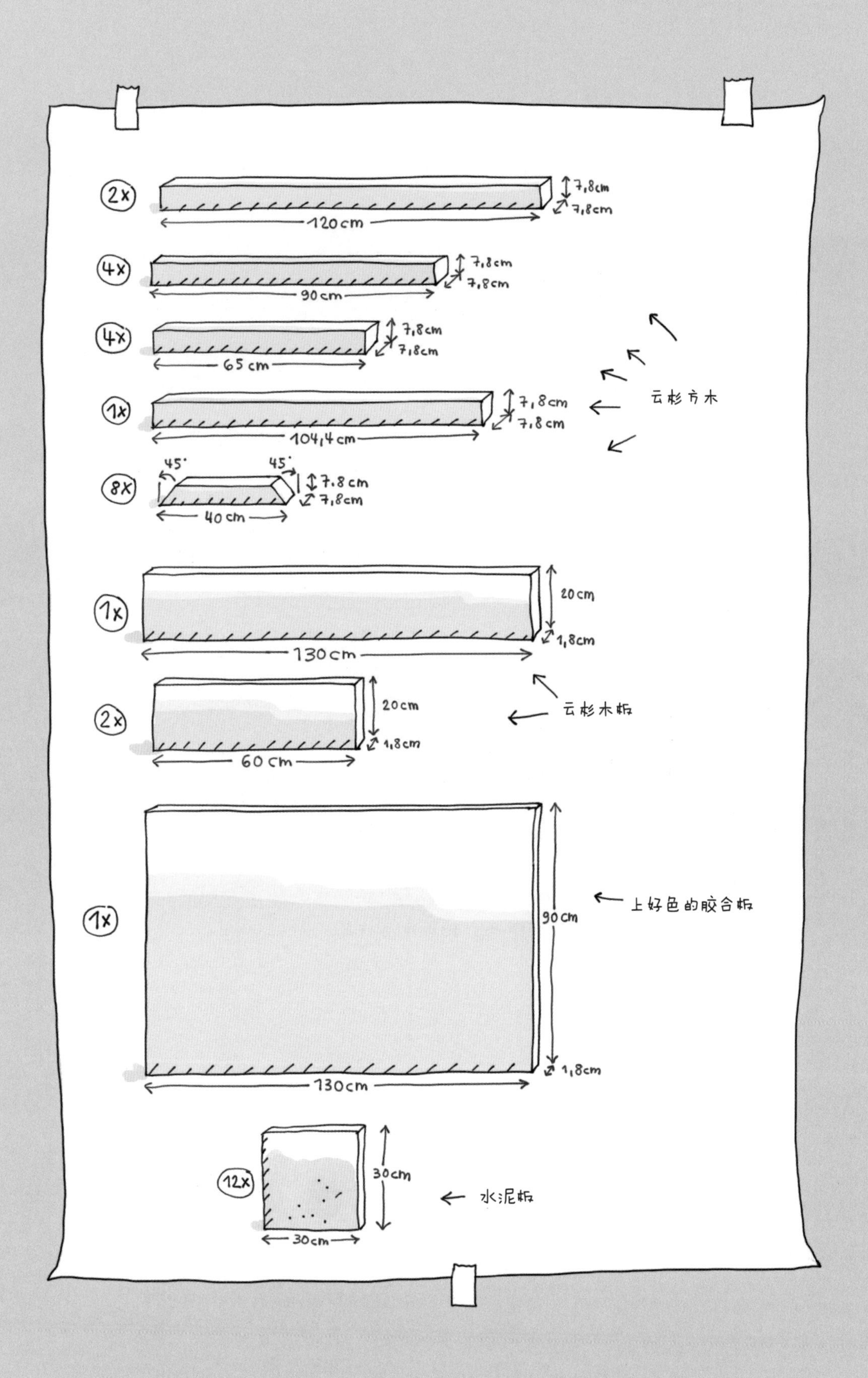

2X
7,8cm
7,8cm
120cm
4X
7,8cm
7,8cm
90cm
4X
7,8cm
7,8cm
65cm
1X
7,8cm
7,8cm
104,4cm
云杉方木
45°
45°
8X
7,8cm
7,8cm
40cm
1X
20cm
1,8cm
130cm
2X
20cm
1,8cm
60cm
云杉木板
1X
90cm
1,8cm
130cm
上好色的胶合板
12X
30cm
30cm
水泥板

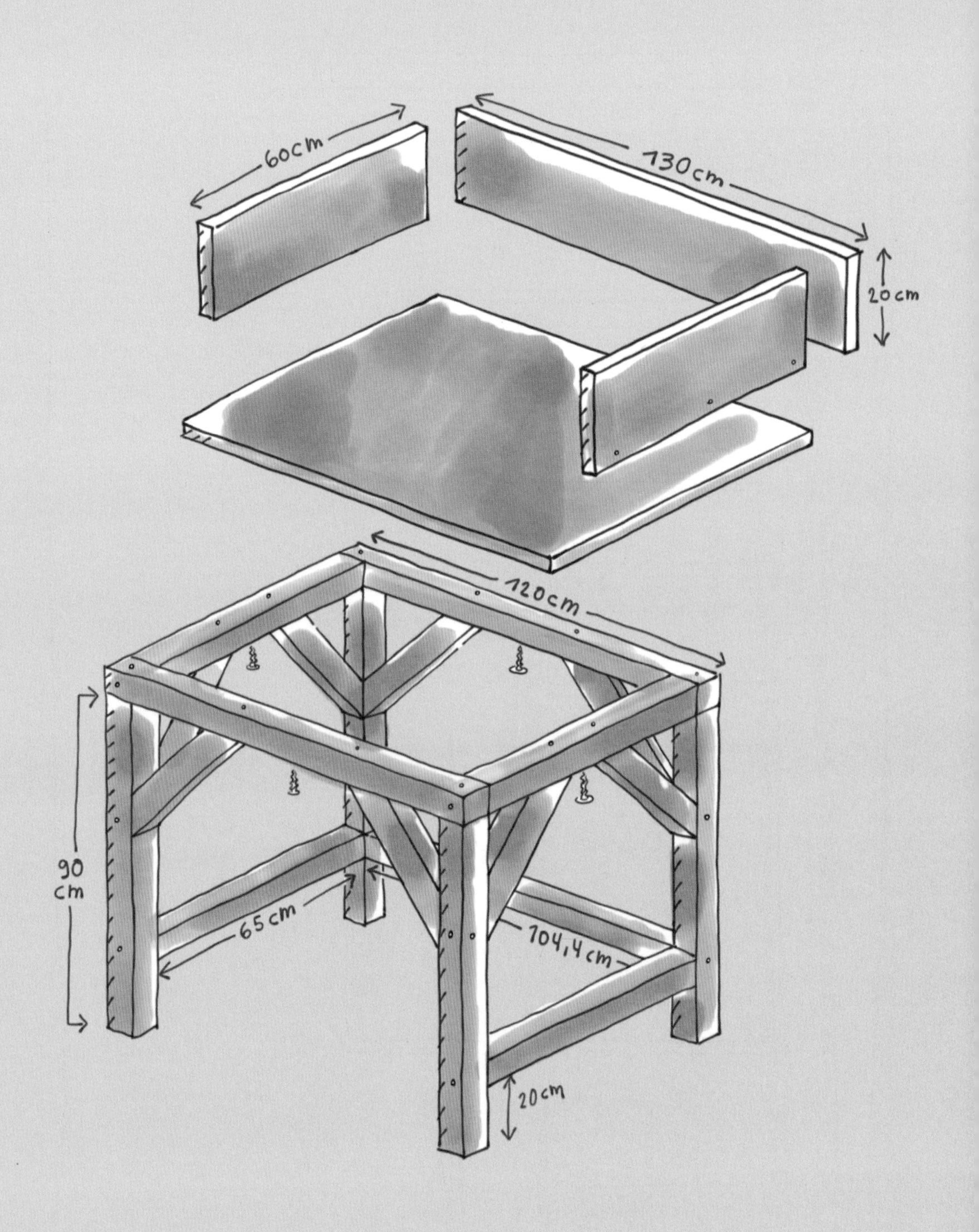
60cm
130cm
20cm
120cm
90
cm
65cm
104,4cm
20cm

铺上水泥砖

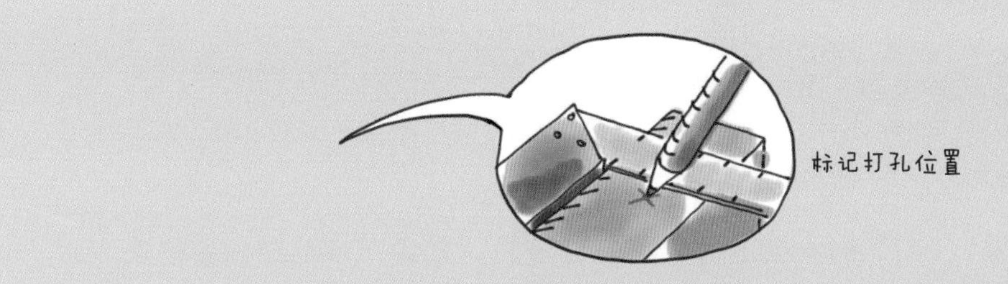
标记打孔位置

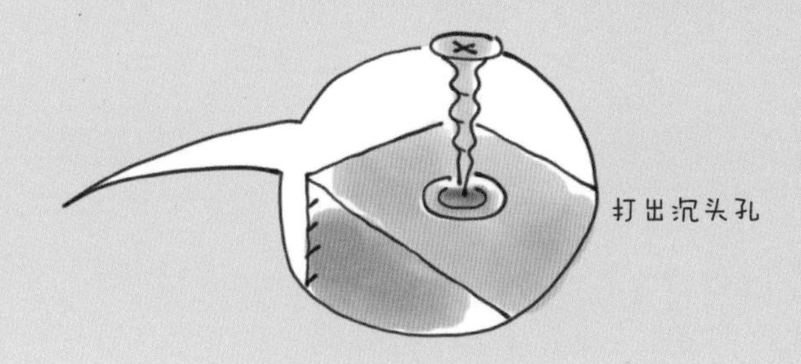
打出沉头孔

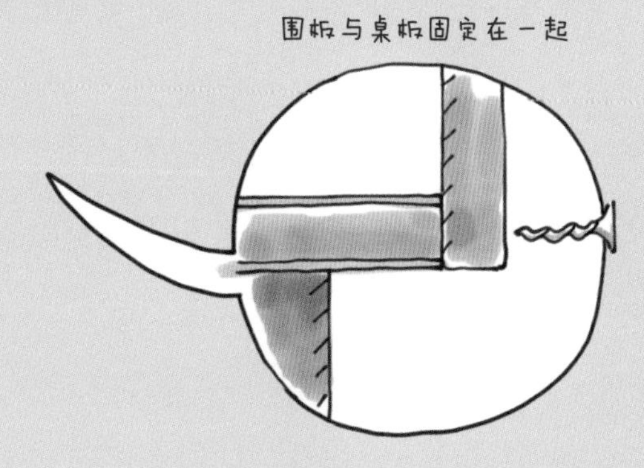
围板与桌板固定在一起

种子储存盒

时间
2 小时

难度
非常简单

如果觉得自己做盒子比较麻烦，可以用旧的红酒盒来代替，只需要自己做隔断就可以了。

- 首先用曲线锯将云杉板锯成所需大小，并用砂纸打磨。
- 用铅笔标记出所有安装螺丝的地方，先用3mm钻头开孔，再用5mm沉头钻加工成沉头孔，方便螺丝嵌入木板。
- 将4个侧面用螺丝组装在一起，两个短面夹在两个长面之间，每个连接处使用4颗3mmx 40mm的螺丝。
- 用螺丝安装底面的两块板。
- 用作盖子的两块板需要实现用两根细木条和4颗较短的螺丝固定在一起。
- 细木条上必须事先打好孔，否则拧螺丝时很容易使木材开裂。
- 利用合页安装盖子。合页的一半装在盖子的表面，另一半装在盒子长面的外面。
- 用螺丝将风钩的钩环安装在盖子窄边的中央，钩子安装在盒子长面的中央。
- 用曲线锯将胶合板锯成合适的大小，根据自己的需要用作隔断，将盒子内部分成几个小格，方便分类收纳。

材料

如下尺寸云杉木板：
1.2cm x 12cm x 40cm，2块 (长面)
1.2cm x 12cm x 18cm，4块 (短面)
1.2cm x 10.2cm x 40cm，4块(底面和盖子)
2 根细木条 0.5cm x 2cm x 18cm
5 块胶合板(隔断) 10cm x 18cm
24颗自攻螺丝 3mm x 40mm
4颗自攻螺丝 3mm x 12mm
2 个箱子合页10cm，带螺丝
1 个门窗风钩 8cm，带螺丝

工具

曲线锯
带夹紧装置的工作台
3mm钻头
5mm沉头钻

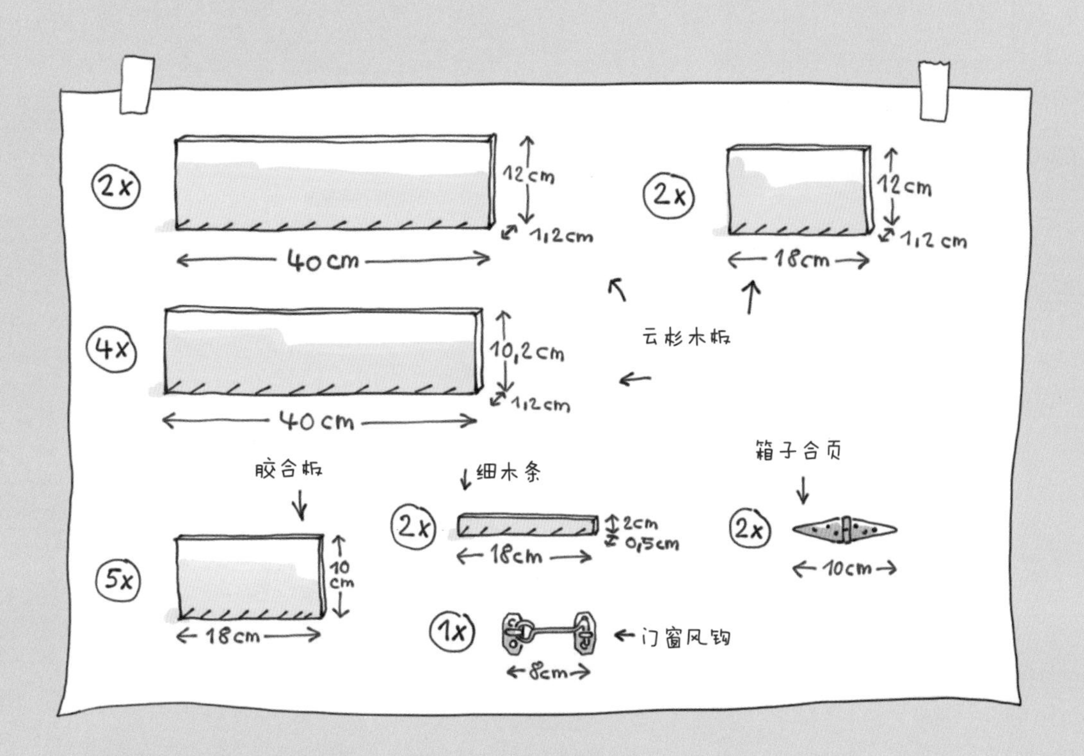

2x
12cm
1,2cm
40cm
2x
12cm
1,2cm
18cm
4x
10,2cm
1,2cm
40cm
云杉木板
胶合板
5x
10 cm
18cm
细木条
2x
2cm
0,5cm
18cm
箱子合页
2x
10cm
1x
门窗风钩
8cm

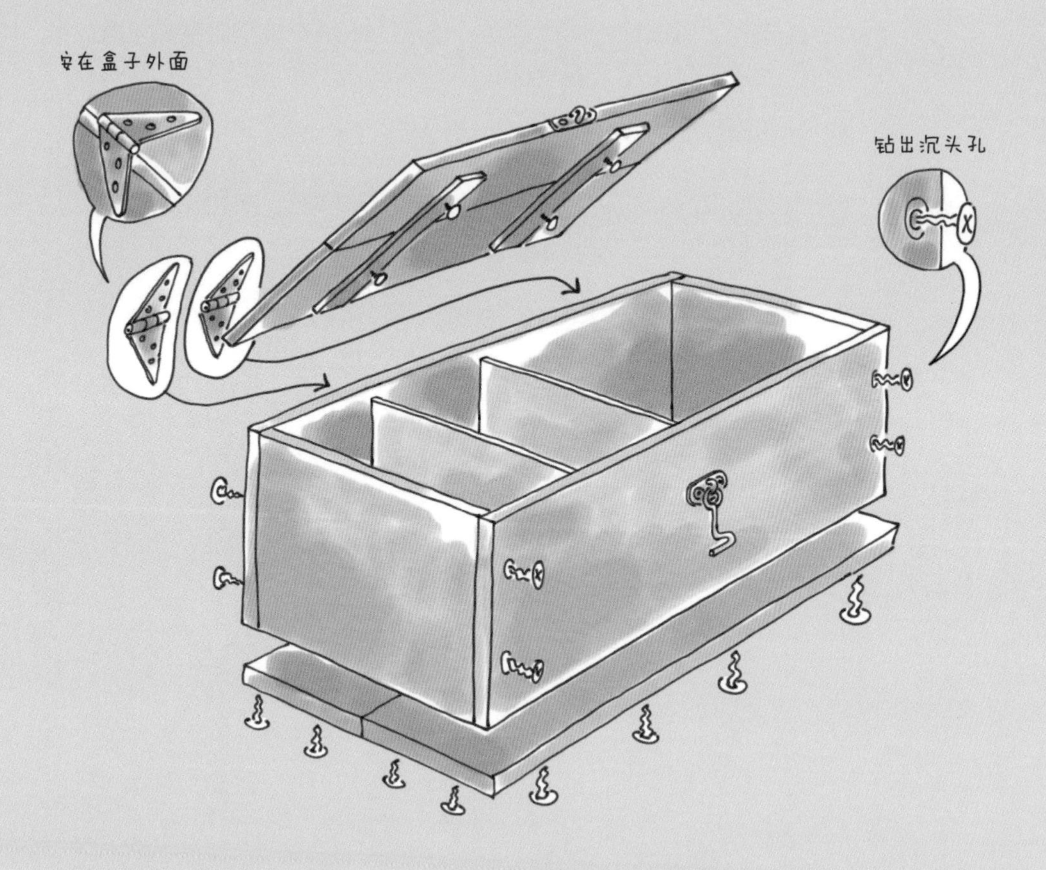

安在盒子外面
钻出沉头孔

工具箱

时间

2 小时

难度

非常简单

如果觉得这样的工具箱太过精致，也可以用带树皮的云杉木来代替复合板，看起来会更有田园气息。

- 首先用砂纸将所有锯过的地方打磨平滑，以免划伤复合板上已经上好的颜料。
- 用毡笔在长面和短面的各个连接处标记出打孔位置，用3mm钻头开孔，5mm沉头钻加工成沉头孔。
- 所有连接处先涂一层薄薄的木工胶，再用螺丝组装起来。
- 用螺丝将底板也安装好，长边用3颗螺丝，短边用两颗螺丝。
- 两根较长的木条安装在长面的中央，木条底端与工具箱的底面齐平，每根使用两颗螺丝。较短的木条安装在两根长木条的上端，各使用一颗螺丝，
- 所有螺丝孔要事先打好。工具箱的提手就做好了。
- 10cmx30cm的胶合板用作提手处的装饰板，用曲线锯锯出一个长11cm，宽3cm的豁口，供手指穿过。
- 将装饰板与提手的3根木条粘在一起。
- 最后将两根圆木条一上一下装在盒子内部，距离一个短面10cm~12cm的位置，用螺丝从盒子外面穿入并拧紧。

材料

上好色的复合板，18mm厚，锯成如下尺寸：
1 块底板 30 cm x 50 cm
2 块长面 18 cm x 50 cm
2 块短面 18 cm x 26.4 cm
2根木条 2 cm x 3 cm x 40 cm
1根木条 2 cm x 3 cm x 34 cm
1块胶合板 10 cm x 30 cm
2 根圆木条直径2.5cm，长度26.4cm
28颗自攻螺丝 3 mm x 30 mm
2 颗自攻螺丝 4 mm x 40 mm

工具

带夹紧装置的工作台
曲线锯
砂纸
木钻
沉头钻
木工胶

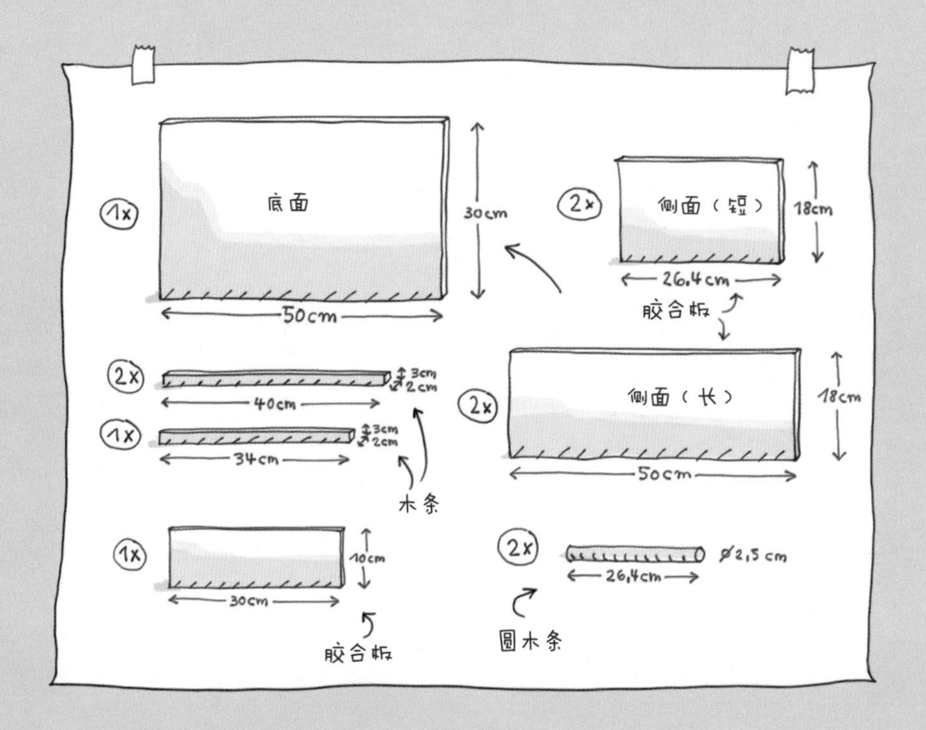
1x
底面
30cm
50cm
2x
侧面（短）
18cm
26,4cm
胶合板
2x
3cm
2cm
40cm
1x
3cm
2cm
34cm
木条
2x
侧面（长）
18cm
50cm
1x
10cm
30cm
胶合板
2x
Ø2,5 cm
26,4cm
圆木条

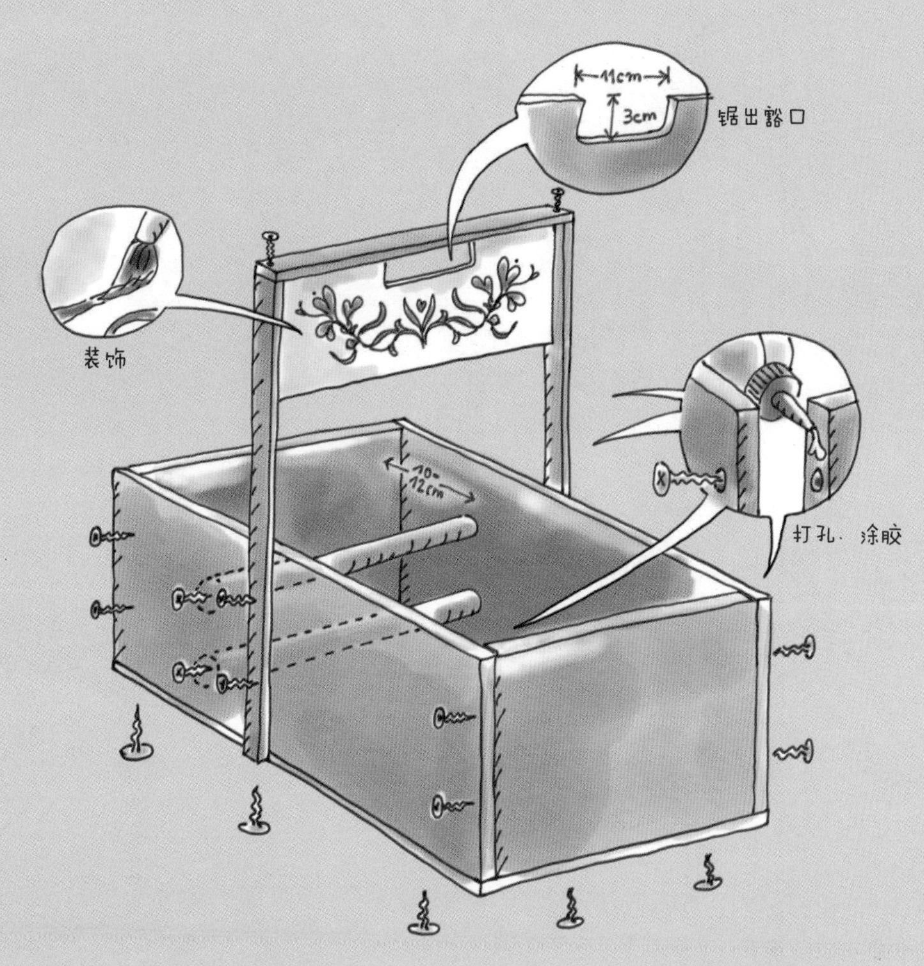
11cm
3cm
锯出豁口
装饰
10-12cm
打孔、涂胶

小动物们的
舒适居所

对大自然敞开怀抱，让小动物们也搬进庭院居住

草岭、食蚜蝇、瓢虫等可以捕食蚜虫及其他害虫。除此之外，它们还可以给果树和其他植物授粉。自己制作的“昆虫旅馆”可以为这些益虫提供适宜的生活空间，多做几个这样的旅馆，会引来更多的小帮手。→ 106页

可以用玉米、蔬菜或鸟食做成丸子给小鸟喂食，这些都需要有个地方放置。用一个自制的鸟食架可以将它们挂在树上，方便小鸟享用，也可以保护不被害虫吃掉。→ 108页

庭院里的许多鸟都是穴洞孵卵鸟类，喜欢飞入洞穴之中。一般庭院中树洞并不多，可以用自己制作的巢箱来代替。不同大小的洞可以让不同种类的鸟飞入。许多鸟类不仅可以将巢箱作为孵卵地，还可以作为过冬的住所。这样的巢箱不仅能为小鸟提供舒适的生活环境，还能让庭院的主人随时观察鸟类。→ 110页

蠼螋通常在夜里和破晓时活动，白天则会寻找一个阴暗、干燥、隐蔽的地方。为蠼螋提供一个温差不大的地方，它们即能生存。很多人不知道，蠼螋可以捕食大量的蚜虫，在庭院中收留一些蠼螋，会省去很多驱虫的烦恼。→ 112页

刺猬是非群居动物，喜欢在夜里活动。它们不仅可爱，而且大有益处，惹人喜爱。它们能够捕食蜗牛、蚯蚓，甚至是青蛙、老鼠。但随着城市化的不断发展，刺猬生存的空间越来越少。何不给刺猬做一个舒适的小屋，让它们能够安心居住呢？→ 114页

欧洲的蝙蝠品种几乎可以吃掉所有种类的害虫，每天的进食量可达自身重量的三分之一。可惜的是，农药的推广使得它们可吃的害虫越来越少，环境的污染也让蝙蝠的体质急剧变弱，甚至影响后代。所以在德国，蝙蝠的数量越来越少。我们是时候伸出援手来帮助这些对人类有益的动物了，做一些简单的栖息所，让蝙蝠更好地栖息。→ 116页

小而精致的“昆虫旅馆”

时间

1 小时

难度

简单

如果竹节比较大的话，在捆竹根的时候要将竹节朝向不同方向，可以确保捆得均匀。

- 将竹棍截成15cm的小段，每段的一端保留一个竹节。
- 用6mm钻头将竹子芯里的髓等顶出来，将竹子完全掏空。
- 用砂纸将锯竹子时产生的毛边仔细打磨平滑。
- 用皮筋将10~12根锯好的竹棍临时捆在一起，注意捆得均匀一些。用扎线在距离竹棍左右两端3cm~4cm的地方缠2~3圈，用钳子将扎线头拧紧。扎好后就可以取下皮筋了。
- 取18cm长的铁链，用斜口钳给链子两端的环各开一个口。
- 将捆好的扎线塞进链子的开口，并将开口重新捏合。
- 制作多个这样的“昆虫旅馆”，挂在花园中不会受日晒雨淋的地方。您还可以试着观察，这些“旅馆”用多久可以住满昆虫呢。

材料

笔直的竹棍，直径10mm~12mm
扎线
细铁链（规格1.2mm）

工具

小钢锯
斜口钳
组合钳
6mm加长钻头
砂纸

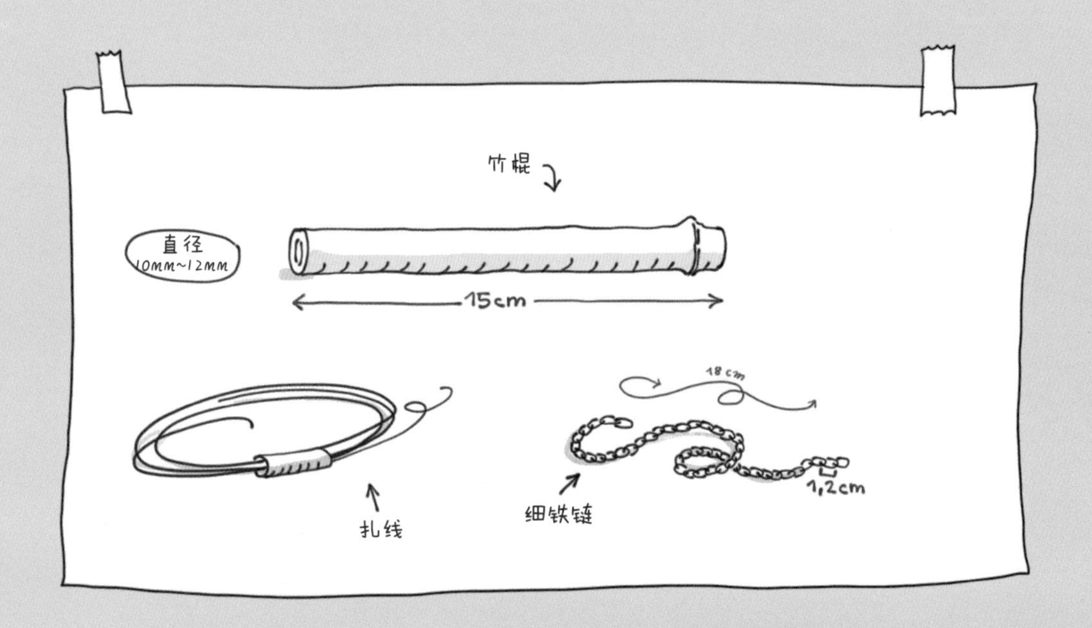
竹棍
直径
10mm~12mm
15cm
18cm
1,2cm
扎线
细铁链

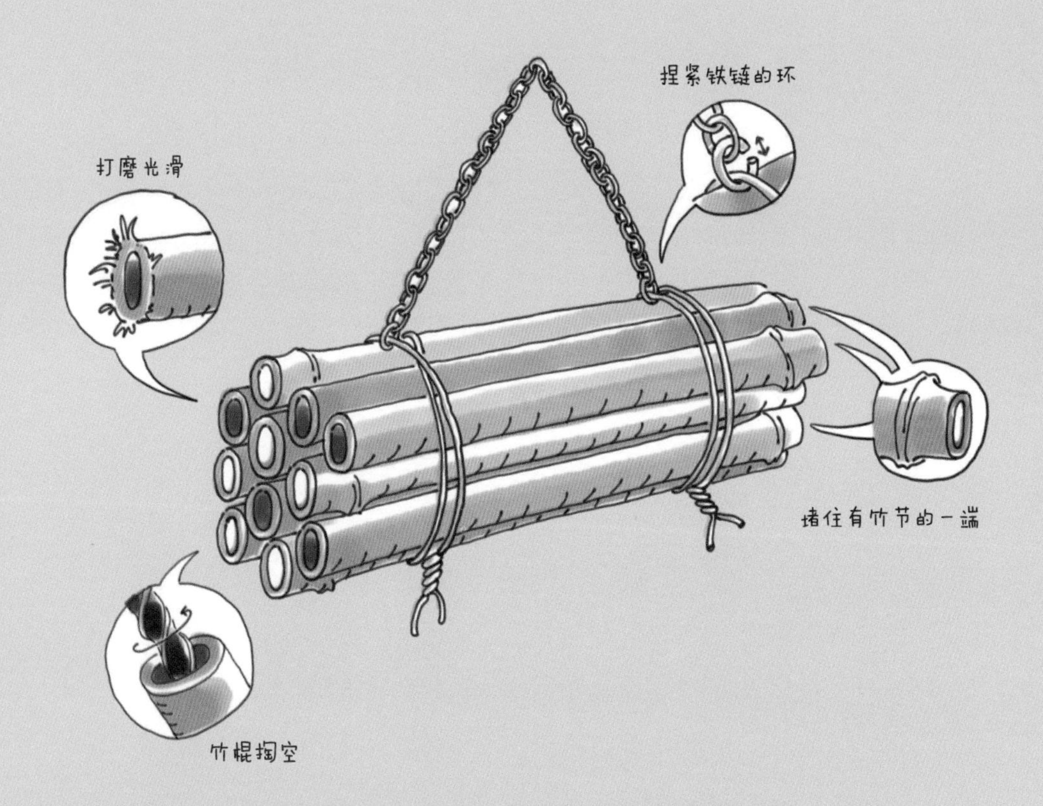
捏紧铁链的环
打磨光滑
堵住有竹节的一端
竹棍掏空

鸟食架

时间

4 小时

难度

简单

用无毒的木器漆对鸟食架加以装饰，看上去更加美观、有趣，也一定更招小鸟喜欢。

- 用纸板将鸟食架的形状做成模板并用铅笔拓在胶合板上。上端应为两条至少12cm长的直边，夹角为直角（见109页图）。中间镂空的部分直径在10cm~12cm之间。
- 在处理镂空部分之前，先用10cm钻头开一个孔，再用曲线锯锯出具体形状。锯下的边角料做成两个半月形，粘在鸟食架两侧，可以供小鸟站立。
- 所有锯过的地方用砂纸打磨光滑。
- 将两块木板各自的其中一端锯成45° 角，木板的中线上各打两个螺丝孔。
- 两块板斜边相接，用螺丝安装在胶合板上。
- 在胶合板两侧各开一个孔，烤串的签子从孔里穿过。签子用来固定水果、蔬菜等食物。
- 将油毡贴在顶部屋檐形的边上，为了更好地防水，油毡的两侧应各长出2cm。随后给整个鸟食架称重，选择承重量足够的吊环螺丝，装在最顶部。

材料

1块胶合板 1.8cm x 20cm x 25cm
1块木板 1.5cm x 10cm x 15cm
1块木板 1.5cm x 10cm x 18cm
烤串签子
吊环螺丝
细环链，约1m长
防水油毡
无毒木器漆
木工胶

工具

曲线锯
加长3mm钻头
10cm钻头
三角尺

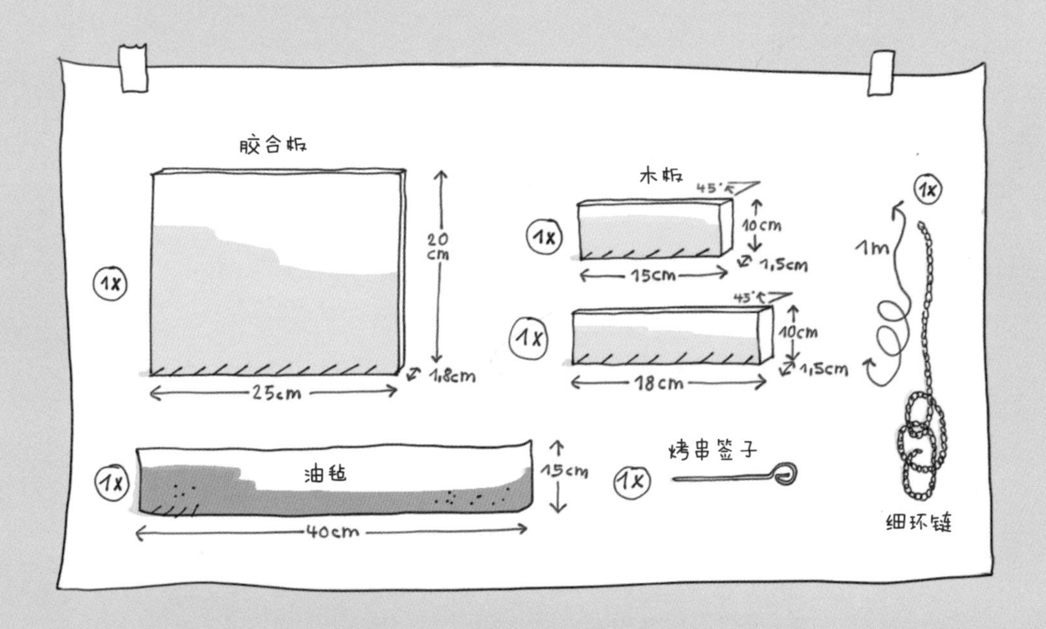

胶合板
1x
20 cm
1,8cm
25cm
木板
45°
1x
10cm
1,5cm
15cm
45°
1x
10cm
1,5cm
18cm
1x
1m
细环链
1x
油毡
15cm
40cm
1x
烤串签子

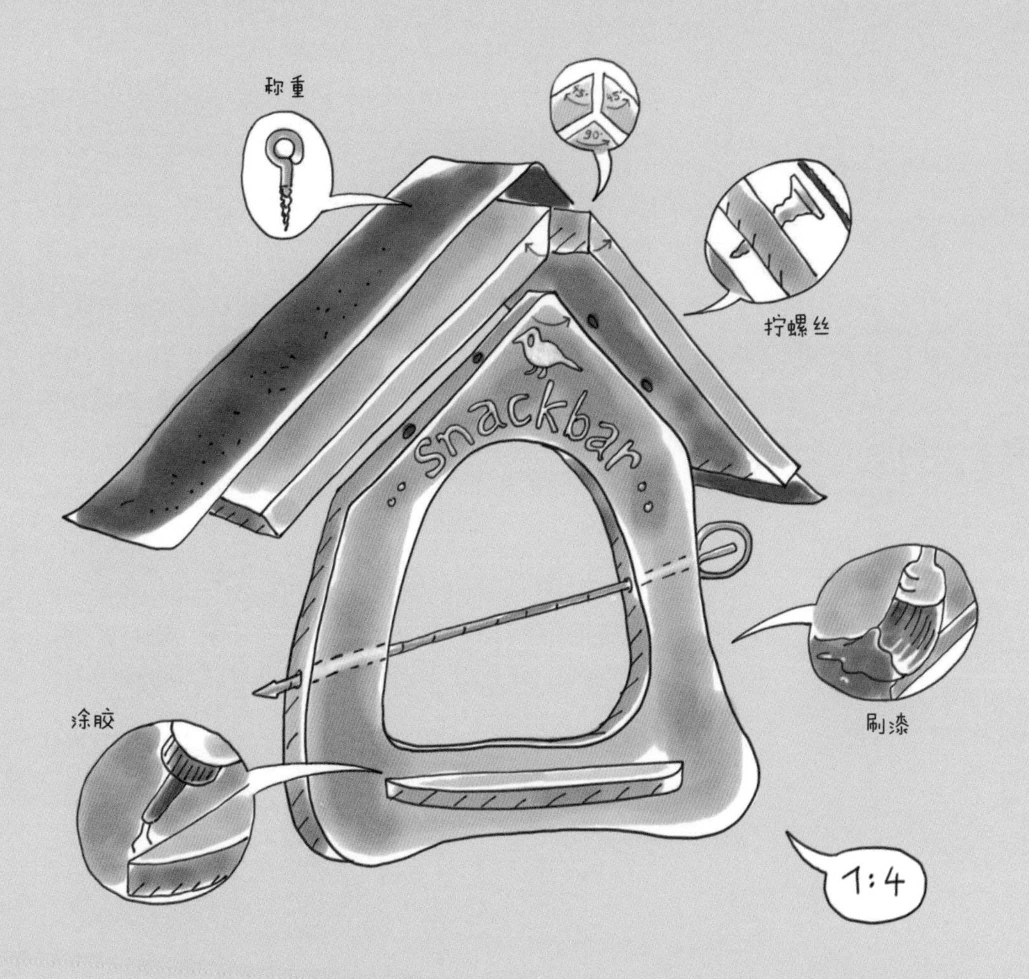

称重
45°
45°
90°
拧螺丝
snackbar
刷漆
涂胶
1:4

小鸟巢箱

时间

3 小时

难度

简单

材料

如下尺寸的木板：
2块2cmx20cmx20cm
用于两侧
1块2cmx20cmx28cm
用于顶部
1块2cmx12cmx22cm
用于背面
1块2cmx12cmx18cm
用于前面
1块2cmx12cmx16cm
用于底面
1根板条
3cmx5cmx45cm
17颗自攻螺
3mmx40mm
1颗膨胀螺丝50mm
2颗细钉子3cm
油毡

工具

开孔器，直径28mm
圆锯、曲线锯
3mm、5mm沉头钻
2个螺旋夹钳
三角尺

在膨胀螺丝上拴一个线圈，可以避免其轻易丢失。

- 首先用铅笔将所需木板的形状画在大木板上，并用圆锯锯下来。因为侧面两块板的上沿是斜边，所以前面和背面两块板的上沿也要锯出大约12° 的倾角，才能与侧面齐平。
- 为了保证巢箱内的透气，底面的板要事先用5mm钻头开4个孔。（见111页图）
- 所有部件都需要螺丝组装，所以先用3mm钻头给所有安装位置打好沉头孔。
- 首先将两侧与背面的板安装在一起，接着装上底板，拧螺丝时可以借助夹钳固定。
- 这4块板装好之后，巢箱已经有稳定的结构了。接下来安装顶部的板，与背板及两块侧板都要固定，两侧宽出巢箱约2cm。
- 在前面的板高14.5cm的中央处开一个圆孔，让小鸟可以钻进去。将打好孔的板也安装在巢箱上，注意不要紧贴着顶部的板，留出大约5mm的空隙，下沿大约超出2cm。安装时，只用两颗钉子在上部固定，使前面的板可以活动开启。
- 用5mm钻头从一侧的板穿入前板的侧沿，插入50mm的膨胀螺丝。日后可以用它来控制巢箱的开闭，想打开清扫时将它拧出来，不想让巢箱自己开闭时可以将它拧回去。
- 用3颗螺丝将板条垂直安装在巢箱背面的中央，上下各长出12cm，用于巢箱的安装固定。
- 给巢箱顶部铺上油毡，可以防雨防潮。

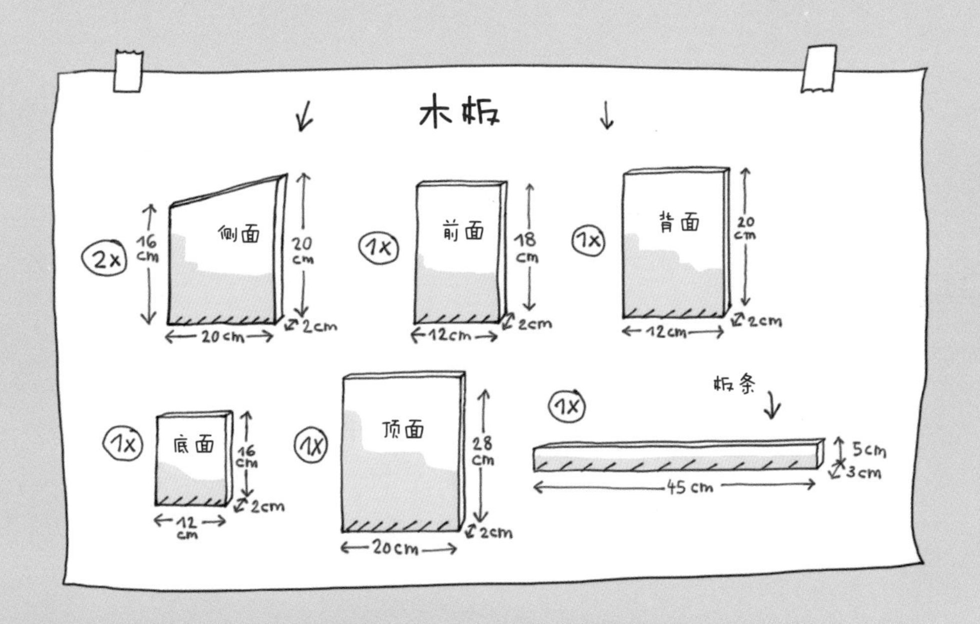

木板
2x
侧面
16 cm
20 cm
20 cm
2cm
1x
前面
18 cm
12cm
2cm
1x
背面
20 cm
12cm
2cm
1x
底面
16 cm
12 cm
2cm
1x
顶面
28 cm
20cm
2cm
1x
板条
5cm
3cm
45 cm

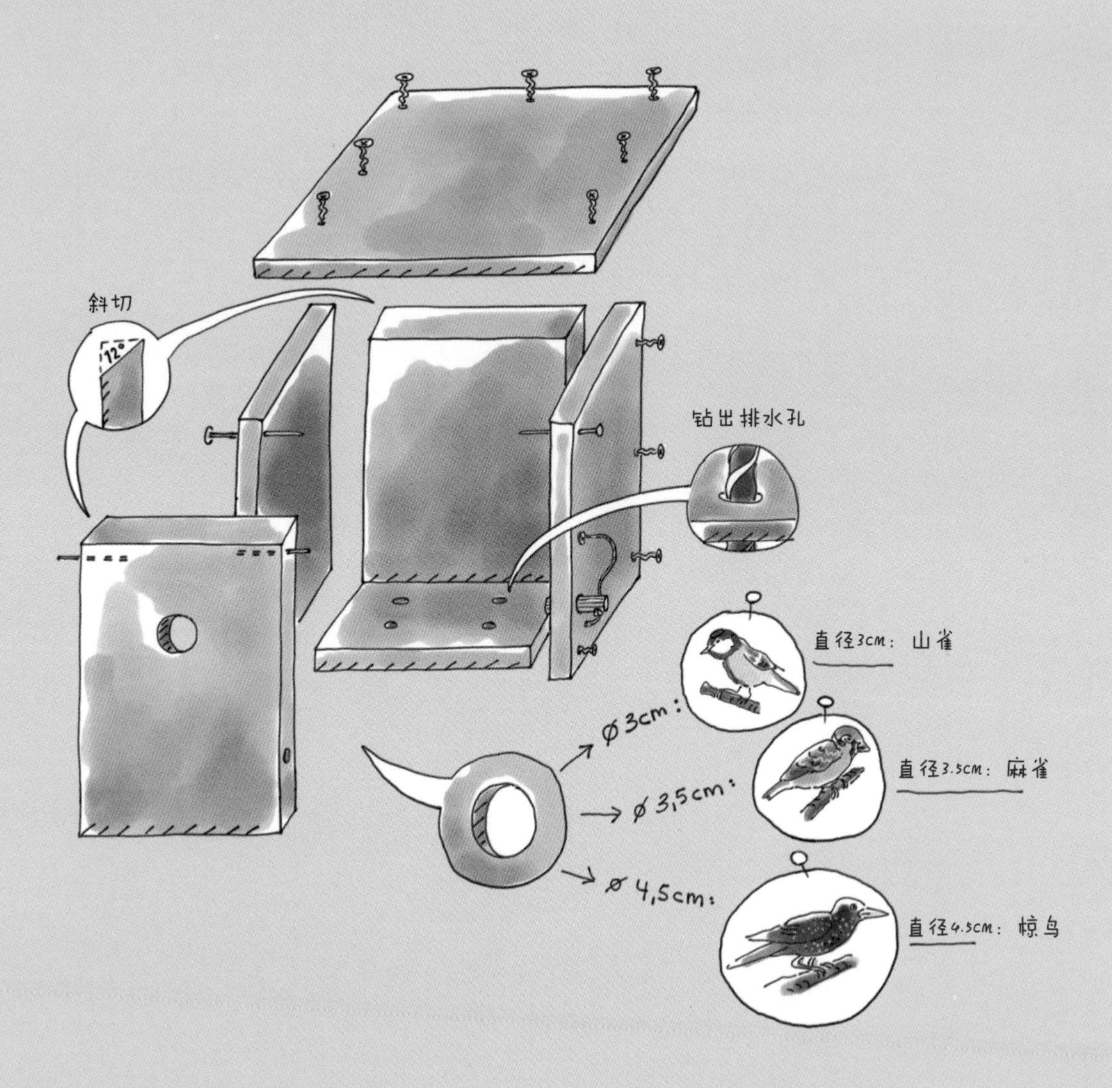

斜切
12°
钻出排水孔
ø 3cm:
ø 3,5cm:
ø 4,5cm:
直径3cm：山雀
直径3.5cm：麻雀
直径4.5cm：椋鸟

蠼螋之家

时间
1/2 小时

难度
非常简单

材料

1只陶瓷花盆，直径10cm
棉花
麻绳
竹棍
扎线

工具

斜口钳
组合钳
热熔胶枪

- 买一只新的陶瓷花盆，直径10cm。
- 将麻绳穿进花盆底部的孔，穿进20cm左右，并在里面打结，使绳结不会从孔中脱落，花盆能够被吊起来。
- 用热熔胶封住花盆底部的孔，一来起到固定作用，二来能够防止雨水进入。
- 麻绳的另一端围成一个8cm~10cm长的环，并用扎线扎好。
- 将棉花装进花盆里，注意不要放得太多，压得太紧，宽松地放进一些即可。
- 截两段10cm长的竹棍，将它们十字交叉别在花盆口处，用来托住上面的棉花。
- 蠼螋的“家”便制作完成，将其挂在树枝上即可。

蠼螋能够吃掉很多害虫。可以制作多个这样的“蠼螋之家”，挂在花园的各个角落。如果想给它们的“房子”上色，一定要选用绿色涂料。

10cm
棉花
麻绳
1x
陶瓷花盆
竹棍

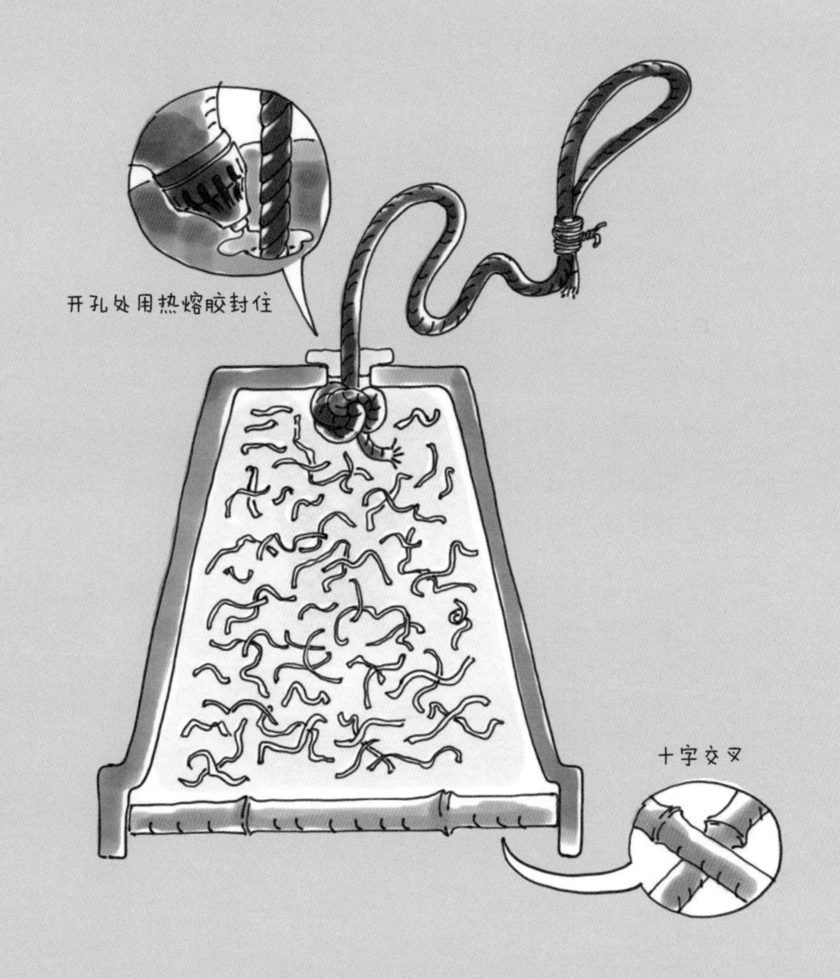
开孔处用热熔胶封住
十字交叉

舒适的刺猬小屋

时间

3 小时

难度

简单

材料

胶合板（松木），
1.8cmx40cmx200cm
其中:
30cmx35cm用于侧墙
46cmx46cm用于房顶
40cmx30cm用于后墙
40cmx35cm用于前墙
26.4cmx35cm用于隔间墙
木工胶
16颗自攻螺丝
3mmx35mm
2个桌子合页，
25mmx60mm，配较短的螺丝

工具

圆锯
曲线锯
油毡
钉枪
砂纸

将刺猬小屋放在背阴的、您方便看到的地方，并采取一些防护措施。

- 首先将需要的木板尺寸画在胶合板上（材料表中已列出），并用圆锯锯好备用。
- 前墙的上沿要与两面侧墙的上沿齐平，所以要锯出10° 左右的斜角。
- 在前墙和隔间墙的左下角各锯出一个近似扇形的豁口，可以供刺猬通过。
- 豁口的宽度为12cm，高度10cm，圆锯的切割深度调成6cm。
- 在所有木板的连接处用3mm钻头开孔，用5mm沉头钻加工成沉头孔。
- 用砂纸给所有锯过和打孔的地方打磨好。
- 先将所有墙板轻轻搭在一起，两面侧墙搭在前后墙的窄边上。临时将房顶盖上，调整并确定好安装角度。
- 用螺丝组装好墙板，注意安装时螺丝要竖直拧入。隔间墙安装在房子左侧三分之一的位置，豁口贴着后墙。所有墙面组装好后，刺猬小屋就快完成了。
- 现在将房顶盖在房子上，与后墙平齐，用合页将房顶和后墙连接在一起。
- 房顶超出房子两侧大约1.2cm，留出这样的一截能够方便以后掀开房顶。
- 给整个房顶铺上油毡，用钉枪钉好，能够起到防雨的作用。

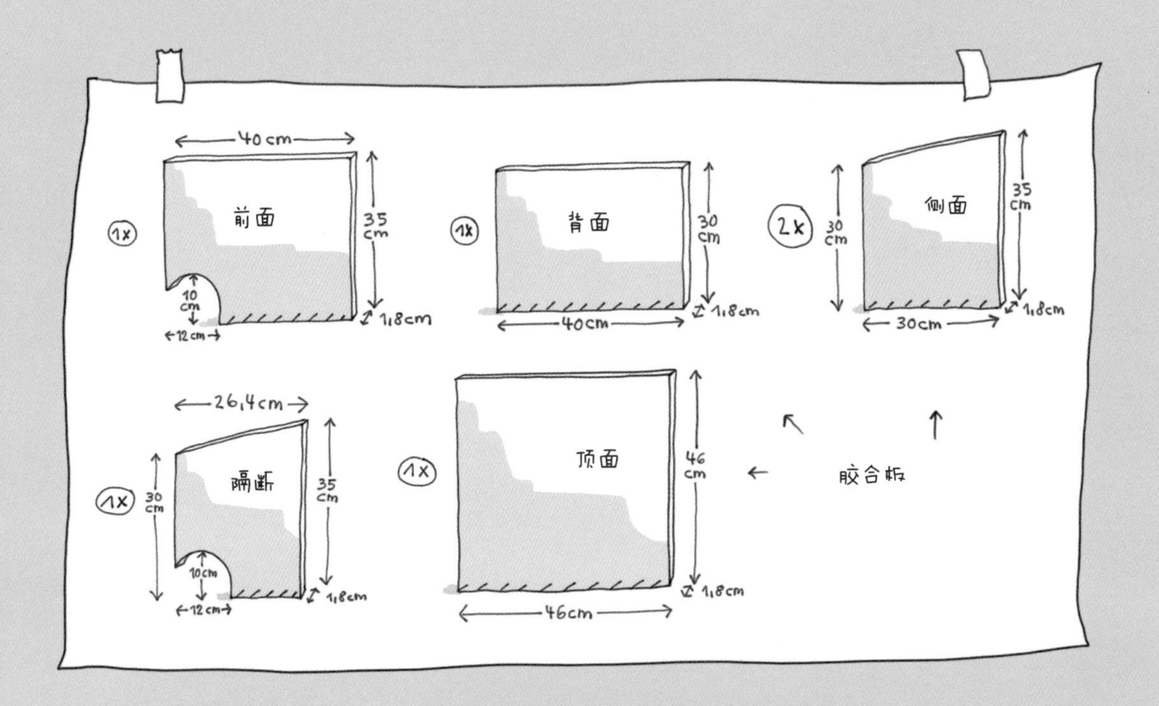
40 cm
前面
35 cm
1x
10 cm
12 cm
1,8cm
1x
背面
30 cm
40cm
1,8cm
2x
侧面
30 cm
35 cm
30cm
1,8cm
26,4cm
1x
隔断
30 cm
35 cm
10cm
12 cm
1,8cm
1x
顶面
46 cm
46cm
1,8cm
胶合板

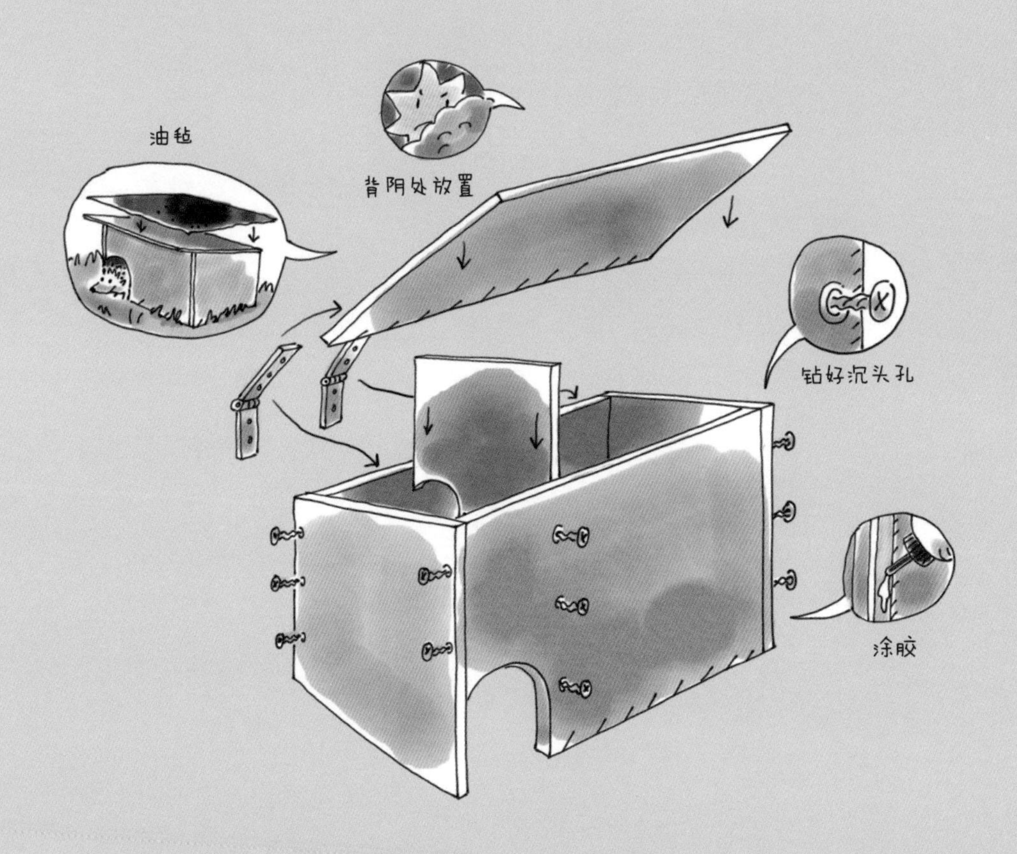
油毡
背阴处放置
钻好沉头孔
涂胶

蝙蝠栖息所

时间
2 小时

难度
简单

- 在胶合板上画出所需零件的形状（见117页图），并用圆锯锯下来。
- 两块侧板上端宽4cm，下端宽7cm，上端斜锯出75°角。两条较长的边中，前面的边长27cm，背面的边长28cm。（见117页图）
- 为了和侧面上沿对齐，前面的木板上沿应斜锯成68°角，背面的木板上沿斜锯成75°角。
- 将圆锯的深度调节为2mm~2.5mm。将背面的木板固定好，在上面每隔2cm横向锯出一道槽来，这些槽可以方便蝙蝠抓住。
- 按照图示打好所有螺丝孔，随后开始组装。

材料

胶合板（云杉）40cm宽、100cm长，2cm 厚，锯成：
36cm x 12cm顶面
24cm x 40cm背面
28cm x 29cm前面
2块云杉木板 2cm x 7cm x 28cm用于两个侧面
1根板条 2cm x 3cm x 20cm
2根板条 2cm x 3cm x 60cm
25 颗自攻螺丝 3mm x 45mm
剑麻绳
油毡

工具

圆锯
射钉枪
三角尺

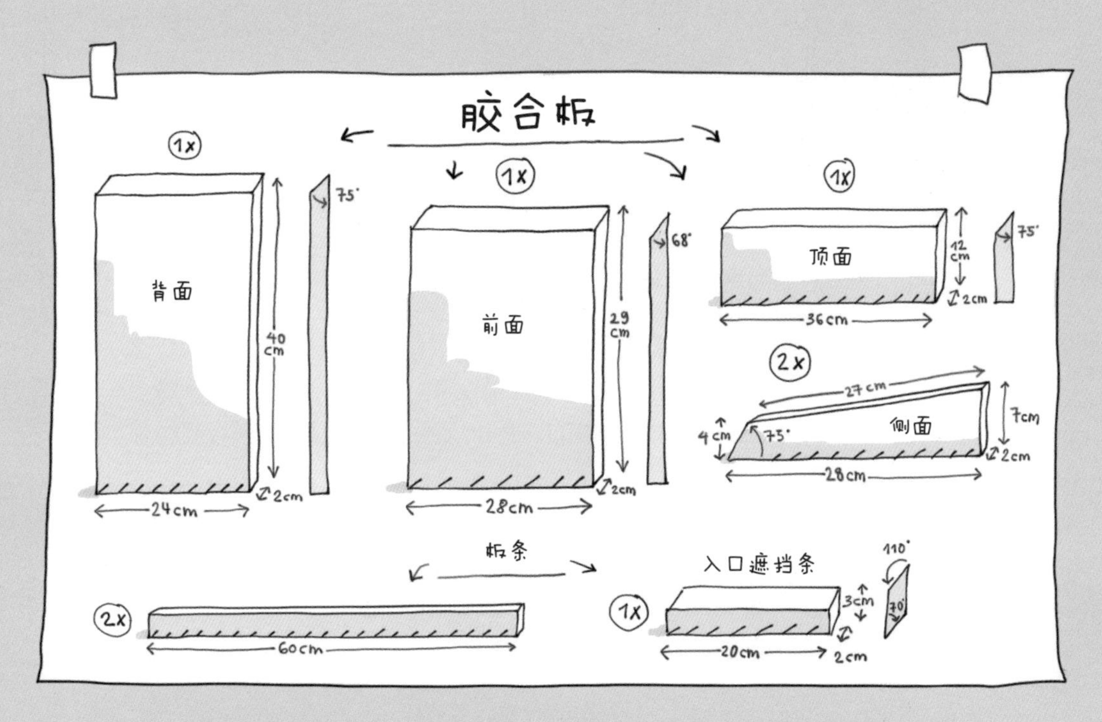

胶合板
1x
背面
40 cm
75°
2cm
24cm
1x
前面
29 cm
68°
2cm
28cm
1x
顶面
12 cm
75°
2cm
36cm
2x
27cm
侧面
7cm
4cm
75°
2cm
28cm
板条
2x
60cm
入口遮挡条
1x
110°
3cm
70°
2cm
20cm

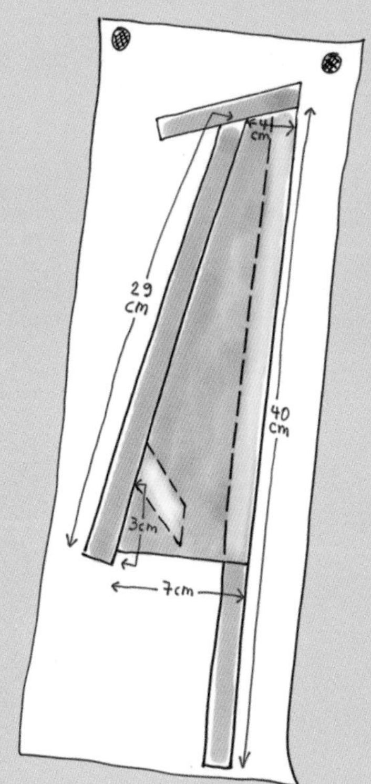

4 cm
29 cm
40 cm
3cm
7cm

- 首先将侧面两块板与背面装在一起。
- 将20cm长的板条按117页图示锯出斜角，并用砂纸将棱角打磨光滑。将其安装在前面那块板的内侧，距离下沿3cm的位置。这根木条的位置即为蝙蝠的入口。随后将前面的板与两侧的板组装起来。
- 安装顶面的板，与背面平齐，两侧各宽出4cm。
- 蝙蝠并不喜欢透气的环境，所以组装好的“小屋”应严丝合缝，如有缝隙，可塞入细麻绳进行填充。
- 在顶部盖一层油毡，可防雨防潮。
- 最后将两根较长的板条垂直装在背部，上下各长出10cm左右，作为固定架。

蝙蝠不喜欢日照，最好选择至少3米高的树木中间作为其栖息所。

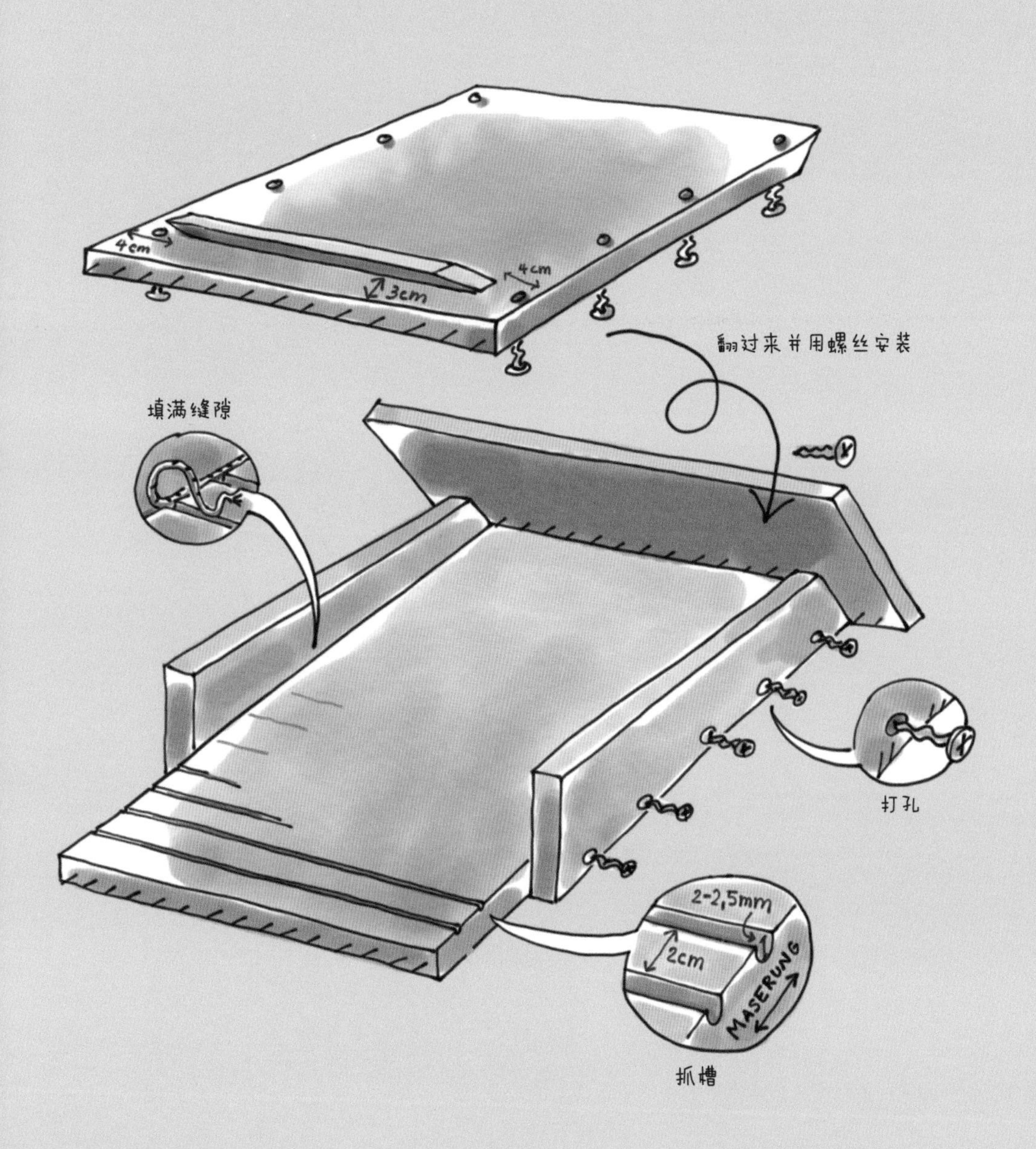

4cm
4cm
3cm
翻过来并用螺丝安装
填满缝隙
打孔
2-2,5mm
2cm
MASERUNG
抓槽

附录

采购店家及地址

工具和材料

本书中提到的工具和材料，都可以在建材市场买到，一些二手材料可在网络商店或者二手市场上淘到。

植物和种子

o **吕乐曼草本和芳香植物商店**
地址：
Auf dem Berg 2, 27367 Horstedt
邮箱及网址：
info@kraeuter-und-duftpflanzen.de
www.kraeuter-und-duftpflanzen.de
经营稀有草本植物及各种花园植物

o **德雷施弗雷格尔种子店**
地址：
Postfach 1213, 37202 Witzenhausen
邮箱及网址：
info@dreschflegel-saatgut.de
www.dreschflegel-saatgut.de
销售各种植物种子，提供园艺问题咨询

o **盖斯迈尔园艺店**
地址：
Jungviehweide 3
89257 Illertissen
邮箱及网址：
info@gaissmayer.de
www.gaissmayer.de
花园景观和有机草本植物

内容提要

也许你认为庭院的日常维护工作让人十分头疼，但是自己精心设计、亲自动手打造的庭院，不仅打理起来会容易得多，也能让你离自己理想的庭院更近一步。书中为你收集了许多好点子，只需要你一定的耐心和动手能力，就能让家里有一座让人欢喜的庭院。

北京市版权局著作权合同登记号：图字 01-2018-6625
Original German title: *Do it yourself im Garten – 33 Projekte vom Hochbeet bis zum Tomatenhaus* by Peter Hagen

图书在版编目（CIP）数据

庭院DIY ：打造33个实用景观设施 /（德）皮特·哈根（Peter Hagen）著 ；杨济森译. -- 北京 ：中国水利水电出版社，2019.7
书名原文：Do it yourself im Garten
ISBN 978-7-5170-7818-0

Ⅰ. ①庭… Ⅱ. ①皮… ②杨… Ⅲ. ①庭院－景观设计 Ⅳ. ①TU986.4

中国版本图书馆CIP数据核字(2019)第144459号

策划编辑：庄 晨　责任编辑：王开云　加工编辑：庄 晨　封面设计：梁 燕

书　　名	庭院 DIY——打造 33 个实用景观设施 TINGYUAN DIY—— DAZAO 33 GE SHIYONG JINGGUAN SHESHI
作　　者	[德] 皮特·哈根（Peter Hagen） 著　杨济森　译
出版发行	中国水利水电出版社 （北京市海淀区玉渊潭南路 1 号 D 座 100038） 网　址：www.waterpub.com.cn E-mail：mchannel@263.net（万水） sales@waterpub.com.cn 电　话：（010）68367658（营销中心）、82562819（万水）
经　　售	全国各地新华书店和相关出版物销售网点
排　　版	北京万水电子信息有限公司
印　　刷	雅迪云印（天津）科技有限公司
规　　格	184mm×260mm　16 开本　7.75 印张　200 千字
版　　次	2019 年 7 月第 1 版　2019 年 7 月第 1 次印刷
印　　数	0001—5000 册
定　　价	59.90 元

相关推荐

花果满园

——家庭庭院植物栽培与养护

定价：49.90 元
作者：[日] 主妇之友社

详细介绍超过400种适宜栽种在庭院、花坛以及花盆中的植物，轻松实现满庭芬芳、硕果累累！

每日花开

——四季里的实用家居花艺

定价：69.00 元
作者：[英] 佛罗伦萨 · 肯尼迪

你也许从来没想到餐桌可以变成花园，椅背上可以盛开娇艳的花朵；你也可能从来没有亲自为自己编制一顶花冠，也没有尝试过在给朋友的礼物上附赠一束迷你花束；你可能不知道如何用鲜花制作一个盛开的圣诞花环，也不曾知道可以将可爱的它们别在胸口……那么现在何不试一试？